高等学校"十四五"新形态教材

微机原理及接口设计

陈 真 戴永寿 编

山东·青岛

图书在版编目(CIP)数据

微机原理及接口设计 / 陈真，戴永寿编. --青岛：中国石油大学出版社，2022.2
　ISBN 978-7-5636-7366-7

Ⅰ．①微… Ⅱ．①陈…②戴… Ⅲ．①微型计算机－理论－教材②微型计算机－接口技术－教材 Ⅳ．①TP36

中国版本图书馆 CIP 数据核字(2022)第 031456 号

中国石油大学(华东)规划教材

书　　　名：	微机原理及接口设计
	WEIJI YUANLI JI JIEKOU SHEJI
编　　　者：	陈　真　戴永寿
责任编辑：	高　颖（电话　0532-86983568）
封面设计：	赵志勇
出　版　者：	中国石油大学出版社
	（地址：山东省青岛市黄岛区长江西路66号　邮编：266580）
网　　　址：	http://cbs.upc.edu.cn
电子邮箱：	shiyoujiaoyu@126.com
排　版　者：	青岛天舒常青文化传媒有限公司
印　刷　者：	沂南县汇丰印刷有限公司
发　行　者：	中国石油大学出版社（电话　0532-86981531，86983437）
开　　　本：	787 mm×1 092 mm　1/16
印　　　张：	11.25
字　　　数：	288 千字
版 印 次：	2022 年 2 月第 1 版　2022 年 2 月第 1 次印刷
书　　　号：	ISBN 978-7-5636-7366-7
定　　　价：	29.00 元

前言

  本书从培养高层次应用型"新工科"人才要求出发,依据"高阶性、创新性和挑战度"的建设目标和要求,秉承OBE(outcome based education,成果导向教育)和"学生主体、教师主导"教学理念,对标课程目标及专业毕业要求达成度,注重应用需求,系统、深入、着重地介绍8086CPU接口电路设计方法、MSP430系列微处理器基础应用和采用虚拟仿真设计平台开展仿真实验的方法。通过8086CPU接口设计部分的实验训练,使学生具备应用接口电路基本原理设计简单的接口电路,并编写正确的源程序进行软硬件联合调试和综合设计的能力;通过MSP430系列微处理器设计部分的实验训练,使学生具备MSP430系列微处理器低功耗应用系统和常用接口电路的设计与实现,以及嵌入式软件编程基础、在线调试和综合设计的能力;通过虚拟仿真设计部分的实验训练,使学生具备利用虚拟仿真方法实现接口电路设计,并编写正确的源程序进行仿真环境下的软硬件联合调试和综合设计的能力。

  为适应微型计算机技术的飞速发展,本书注重融合前沿技术,结合"微机原理"课程多学科知识融合、理论性和实践性强、内容更新快等特点,并依据"微机原理"课程体系结构及知识模块进行编写,不仅包含了课程团队省级精品课程、在线开放课程和本科一流课程的建设经验和成果,而且传承了团队多年来在教学改革探索和实验室建设基础上积累的丰富经验,内容丰富,特色鲜明。本书旨在强化建设优质教学资源和立体化多模式实践平台,助力培养学生自主创新能力和团结合作意识。

  本书程序设计和接口设计依托新型8086CPU实验系统和前沿MSP430系列微处理器实验套件,并融合先进的Proteus虚拟仿真平台。本书采用分层次、模块化、"虚实结合"的立体化实验体系进行编写,兼顾验证性,着重于设计性和综合性实验内容,同时具备开放性,重点强化以出口为导向的分层分类培养模式及学生自主创新设计、解决复杂问题能力的培养。本书为优化和完善课程现有教学资源,建成立体化多模式实践平台(虚实结合+线上线下)提供了必要的辅助教学及设计应用支撑条件。本书内容丰富、由浅入深，并设置选做内容，供教师参考采用，也可供学生自主进行开放性实验及团队合作实验。此外，本书为新形态教材，通过扫码即可实时观看相关多媒体素材，方便学生学习查阅。

  本书是"微机原理"课程团队长期教学及实践经验积累的成果，课程团队各位老师对本教材的编写提出了许多宝贵意见，并给予了大力支持和帮助，在此一并表示衷心的感谢。由于编者水平有限，书中错误和不妥之处在所难免，敬请读者批评指正。

陈 真

2021 年 10 月

本书模块化实验内容体系及分层实验项目图示

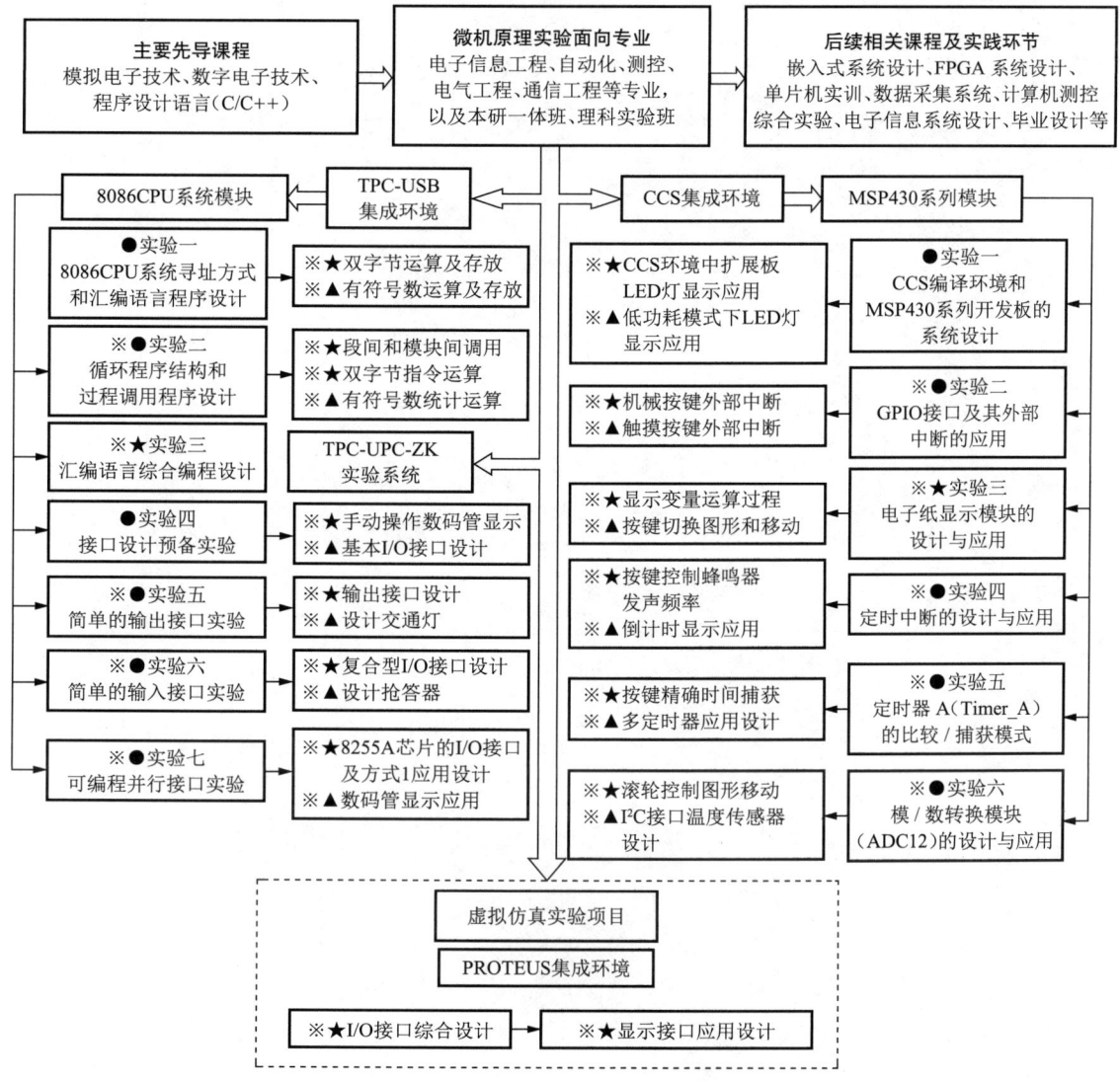

标志说明：

- ● 必修实验模块或基本实验项目
- ★ 选修实验模块或选做实验项目
- ▲ 扩展提高实验项目
- ※ 综合设计性实验项目

实验项目选择组合说明： 依据专业培养方案，综合考虑专业特点、知识点需求、学时要求以及后续课程需要，选择并组合必修和选修实验模块，以及必做、选做和扩展提高实验项目，尤其要注意综合设计性实验项目的选择比重，推进自主性、开放性实验的实施，保证实践环节具有高阶性和挑战性。

目录 Contents

第1部分 8086CPU系统程序设计及接口技术

第1章 8086CPU 系统程序设计 ... 2
- 1.1 汇编语言程序设计过程概述 ... 2
  - 1.1.1 源程序的创建 ... 2
  - 1.1.2 源程序的汇编 ... 2
  - 1.1.3 链 接 ... 3
  - 1.1.4 程序调试 ... 3
- 1.2 汇编语言程序开发环境概述 ... 3
  - 1.2.1 MASM for Windows 集成环境 ... 3
  - 1.2.2 emu8086 集成环境 ... 4

第2章 程序设计集成开发环境 ... 5
- 2.1 TPC-USB 集成开发环境 ... 5
  - 2.1.1 TPC-USB 主界面 ... 5
  - 2.1.2 硬件检测 ... 5
- 2.2 源程序的创建和编辑 ... 6
  - 2.2.1 创建源程序 ... 6
  - 2.2.2 打开源程序 ... 7
  - 2.2.3 编辑源程序 ... 8
  - 2.2.4 保存源程序 ... 9
- 2.3 源程序的编译和链接 ... 9
  - 2.3.1 构建(编译＋链接) ... 9
  - 2.3.2 运行(执行) ... 9
- 2.4 源程序的调试和运行 ... 10
  - 2.4.1 调试环境 ... 10
  - 2.4.2 寄存器和内存的查看方法 ... 11

2.4.3　反汇编显示 ·· 11
　　2.4.4　设置/清除断点 ··· 12
　　2.4.5　连续执行 ·· 12
　　2.4.6　单步执行 ·· 12
　　2.4.7　结束调试 ·· 12
　　2.4.8　子程序调试 ·· 12
2.5　命令调试 ·· 13

第 3 章　8086CPU 接口设计实验系统 ··· 15
3.1　TPC-UPC-ZK 实验系统 ··· 15
3.2　USB 模块及仿 ISA 总线信号 ··· 16
3.3　电源开关及技术指标 ··· 16
3.4　I/O 端口及译码电路 ·· 17
3.5　外围元件及电路原理图 ··· 17
　　3.5.1　逻辑电平开关 ·· 17
　　3.5.2　LED 显示电路 ··· 18
　　3.5.3　七段数码管显示电路 ·· 18
　　3.5.4　单脉冲电路 ·· 18
3.6　外围电路及电路原理图 ··· 20
　　3.6.1　复位电路 ·· 20
　　3.6.2　时钟电路 ·· 20
　　3.6.3　跳线开关 ·· 21
　　3.6.4　逻辑笔 ·· 21
　　3.6.5　双排插座 ·· 21

第 4 章　TPC-USB 集成开发环境在 TPC-UPC-ZK 实验系统中的应用 ··· 23
4.1　搭建接口设计开发环境 ··· 23
　　4.1.1　搭建实验系统 ·· 23
　　4.1.2　检测硬件 ·· 23
4.2　接口设计流程及软硬件调试方法 ·· 24
　　4.2.1　接口设计流程 ·· 24
　　4.2.2　接口设计实验步骤 ··· 24
　　4.2.3　输出接口电路调试 ··· 25
　　4.2.4　输入接口电路调试 ··· 25
4.3　通信中断问题的处理 ··· 26

第 5 章　8086CPU 系统程序设计及接口技术实验 ··························· 27
●实验一　8086CPU 系统寻址方式和汇编语言程序设计 ············ 27
※●实验二　循环程序结构和过程调用程序设计 ························· 30
※★实验三　汇编语言综合编程设计 ··· 33
●实验四　接口设计预备实验 ··· 34
※●实验五　简单的输出接口实验 ··· 39

※● 实验六　简单的输入接口实验 ……………………………………………… 43
※● 实验七　可编程并行接口实验 ……………………………………………… 46
8086CPU 接口设计实验综合测试 ………………………………………………… 53

第2部分　MSP430系列微处理器开发及应用

第6章　MSP430 系列微处理器开发概述 …………………………………………… 56
6.1　MSP430 系列微处理器应用程序设计 …………………………………… 56
  6.1.1　应用程序开发流程 ……………………………………………… 56
  6.1.2　低功耗编程结构 ………………………………………………… 57
6.2　MSP430 系列微处理器开发环境 ………………………………………… 57
  6.2.1　CCS 集成环境 …………………………………………………… 58
  6.2.2　IAR EW 嵌入式开发环境 ……………………………………… 58
6.3　MSP430 系列微处理器硬件开发系统 …………………………………… 59
  6.3.1　MSP-EXP430G2 实验开发板 …………………………………… 59
  6.3.2　TEB-CM5500-UPC 开发系统 …………………………………… 60
  6.3.3　DY-FFTB6638 全功能实验开发板 …………………………… 60

第7章　CCS 软件集成开发环境 ……………………………………………………… 62
7.1　导入已有工程 ……………………………………………………………… 62
7.2　新建工程 …………………………………………………………………… 63
7.3　调试工程 …………………………………………………………………… 65
7.4　资源管理器及应用 ………………………………………………………… 66
7.5　MSP430 系列微处理器 C 语言基础 ……………………………………… 68

第8章　MSP430 系列微处理器常用片内资源模块 ………………………………… 70
8.1　时钟模块(UCS) …………………………………………………………… 70
  8.1.1　时钟源与时钟信号 ……………………………………………… 70
  8.1.2　时钟模块控制寄存器 …………………………………………… 71
  8.1.3　低功耗模式 ……………………………………………………… 77
8.2　定时器 A(Timer_A)模块 ………………………………………………… 78
  8.2.1　功能和特性 ……………………………………………………… 79
  8.2.2　寄存器 …………………………………………………………… 80
  8.2.3　工作模式 ………………………………………………………… 83
  8.2.4　Timer_A 中断 …………………………………………………… 84
8.3　模/数转换器(ADC)模块 ………………………………………………… 85
  8.3.1　ADC 模块的性能指标 …………………………………………… 85
  8.3.2　ADC12 模块的主要性能 ………………………………………… 86
  8.3.3　ADC12 模块的结构和特性 ……………………………………… 86
  8.3.4　寄存器 …………………………………………………………… 87

8.3.5 采样触发信号和保持模式 … 90
8.3.6 转换模式 … 91
8.3.7 ADC12 模块中断 … 91

第 9 章 TEB-CM5500-UPC 开发系统资源概述 … 92
9.1 常用输入输出模块 … 93
9.1.1 LED 模块 … 93
9.1.2 按键模块 … 93
9.1.3 电子纸显示屏（电子墨水屏） … 95
9.2 常用传感器模块 … 96
9.2.1 无源蜂鸣器/扬声器模块 … 96
9.2.2 温度传感器模块 … 96
9.2.3 TMP421 远程温度传感器 … 97
9.3 常用模/数及数/模转换模块 … 98
9.3.1 拨盘电位器 … 98
9.3.2 音频功率放大器模块 … 98
9.3.3 串行 DAC 模块 … 99
9.3.4 其他功能模块及接口 … 99

第 10 章 MSP430 系列微处理器开发及应用实验 … 101
※● 实验一 CCS 编译环境和 MSP430 系列微处理器开发板的系统设计 … 101
※● 实验二 GPIO 接口及其外部中断的应用 … 104
※★ 实验三 电子纸显示模块的设计与应用 … 109
※● 实验四 定时中断的设计与应用 … 113
※● 实验五 定时器 A(Timer_A)的比较/捕获模式 … 116
※● 实验六 模/数转换模块（ADC12）的设计与应用 … 118
MSP430F5529 接口设计实验综合测试 … 124
MSP430 系列微处理器综合设计实验 … 125

第 3 部分　虚拟仿真接口设计

第 11 章 虚拟仿真设计概述 … 128
11.1 虚拟仿真设计环境 … 128
11.1.1 工程界面及布局 … 128
11.1.2 对象选择及鼠标操作规则 … 130
11.2 虚拟仿真设计流程及调试方法 … 130
11.2.1 新建工程和固件设置 … 131
11.2.2 编辑电路原理图 … 131
11.2.3 添加源代码和原理图设计 … 133
11.2.4 链接编译代码 … 133

  11.2.5 仿真调试 ·· 133

第 12 章 虚拟仿真综合设计实验 ·· 135
  ※★ I/O 接口综合设计 ··· 135

附录 1 实验报告基本格式 ··· 145
附录 2 DEBUG 调试命令 ··· 146
附录 3 DOS 功能调用 ··· 148
附录 4 汇编程序出错信息 ··· 150
附录 5 常用 54/74 系列集成电路芯片 ·· 156
附录 6 MSP430F5529 引脚图 ·· 159
附录 7 MSP430F5529 结构框图 ··· 160
附录 8 MSP430 编程常用运算符 ··· 161
附录 9 ADC12 模块转换模式流程图 ··· 163

参考文献 ·· 167

<<< **第1部分**

8086CPU系统程序设计及接口技术

第1章　8086CPU系统程序设计

本章介绍8086汇编语言程序设计的基本流程，主要目的是了解汇编程序的开发过程。基本流程中各个步骤的详细介绍请参考有关章节。

1.1　汇编语言程序设计过程概述

在学习了高级语言(如 C/C++程序设计)后，用户对程序设计开发过程已有了解，并清晰掌握了程序设计的基本流程，即编辑、编译、链接、运行和调试。同样，在进行汇编语言程序设计和开发时也需要类似的流程。图1.1给出了8086汇编语言程序设计的过程和基本流程。

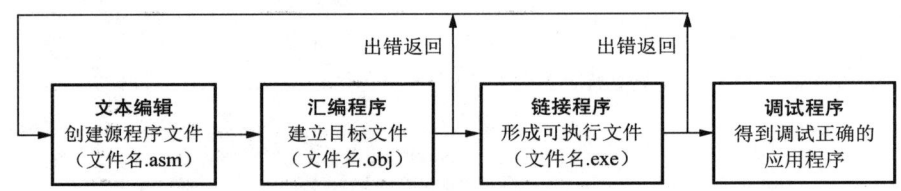

图1.1　8086汇编语言程序设计的过程和基本流程

1.1.1　源程序的创建

用户首先要用文本编辑器创建和编辑自己的汇编语言源程序文件(扩展名为 asm 的文件)。汇编语言源程序就是用语句(指令性语句、伪指令语句和宏指令语句)编写的一种文本文件。编辑文本文件的工具较多，如 MASM for Windows 集成环境和 Windows 记事本(Notepad.exe)等。具体选择哪一种，由用户的需求和习惯决定。

1.1.2　源程序的汇编

汇编语言源程序是不能直接为计算机所识别的，所以用户要用汇编程序(如 MASM.EXE)把源程序翻译成由机器代码构成的浮动目标文件(扩展名为 obj 的文件)。浮动目标文件虽然已经是二进制目标文件，但还不能直接执行。

1.1.3 链　　接

用户程序要想成为可执行程序,必须经过链接程序(如 LINK.EXE)把目标文件与库文件合成一个可执行文件(扩展名为 exe 或 com 的文件),该文件可以在计算机上直接执行。

1.1.4 程序调试

链接成功后的可执行文件虽说可以运行,但不一定是用户所需的最终应用程序,当程序运行后出现诸如结果不对或结果输出格式不妥等非语法错误时,就需要程序员重新对自己的程序进行更加细致的分析和检查,找出原因并加以解决。有时程序员还想进一步了解程序执行过程中的其他细节,诸如 CPU 寄存器内容的变化过程、堆栈的变化过程、内存内容的变化过程等,这就需要借助调试工具来完成,也就是图 1.1 中程序设计过程的最后一步。汇编语言程序设计过程中的调试工具一般会集成在各自的集成开放环境中。

在以上过程中,当汇编或链接后出现错误提示时,程序员需要返回最初的步骤即在编辑状态下对源文件进行检查和修改,然后再次进行汇编、链接操作,直至不再出现错误提示后进行调试操作。

综上所述,汇编语言程序设计和开发过程可分为以下步骤:
(1) 用文本编辑器创建源程序文件(文件名.asm);
(2) 用汇编程序建立目标文件(文件名.obj);
(3) 用链接程序形成可执行文件(文件名.exe);
(4) 在操作系统下直接执行或用调试工具调试可执行文件。

1.2 汇编语言程序开发环境概述

前面已经简单地叙述了汇编语言程序从建立到执行的过程,要完成这一过程,在计算机系统中就要有相应的环境或程序。以往在 DOS 环境下的开发过程一般要有编辑程序、汇编程序、链接程序和调试程序,而在 Windows 开发环境下多采用集成开发工具,且种类较多,其共有的基本特点是开发过程的各步骤(编辑、汇编、链接和调试)都基于同一平台下,如 MASM for Windows、emu8086 等。在实际开发应用中,程序员可按照各自的条件和需求灵活选择开发环境。为了尽快搭建起汇编语言程序设计的开发环境,以下将简单介绍集成开发环境的基本应用方法。

1.2.1 MASM for Windows 集成环境

MASM for Windows 集成环境是针对汇编语言初学者而开发的一个简单易用的汇编语言学习与实验软件,目前可以支持 32/64 位的 Windows 操作系统,支持 DOS 的 16/32 位汇编程序和 Windows 下的 32 位汇编程序(并提供调试通过的 35 个 Windows 汇编程序实例源代码)。它具有错误信息自动定位,关键字实时帮助且在帮助中动画演示汇编指令的执行过程,语法着色,无限次撤销与恢复,Word 式的查找、替换、定位,支持中文、长文件名等功能。

图 1.2 给出了 MASM for Windows 集成实验环境 20.2 的界面示例。

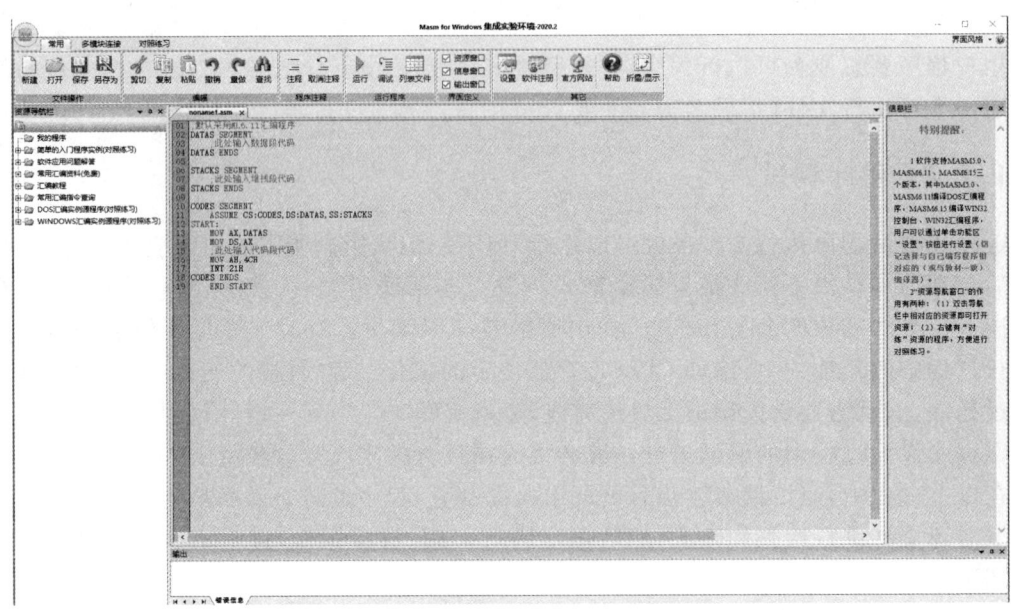

图 1.2　MASM for Windows 界面

1.2.2　emu8086 集成环境

emu8086 集成环境结合了先进的原始编辑器、汇编器、反汇编器、具除错功能的模拟工具(虚拟 PC)来模拟 8086CPU 的运行,可以执行"单步调试",显示寄存器、内存、堆栈、变量、标志位状态的变化情况。模拟器在虚拟 PC 中执行程序,一方面可以避免存取实际硬件,如硬盘、内存等;另一方面在虚拟机器上执行汇编程序,可让除错变得更加容易。图 1.3 给出了 emu8086 的界面示例。

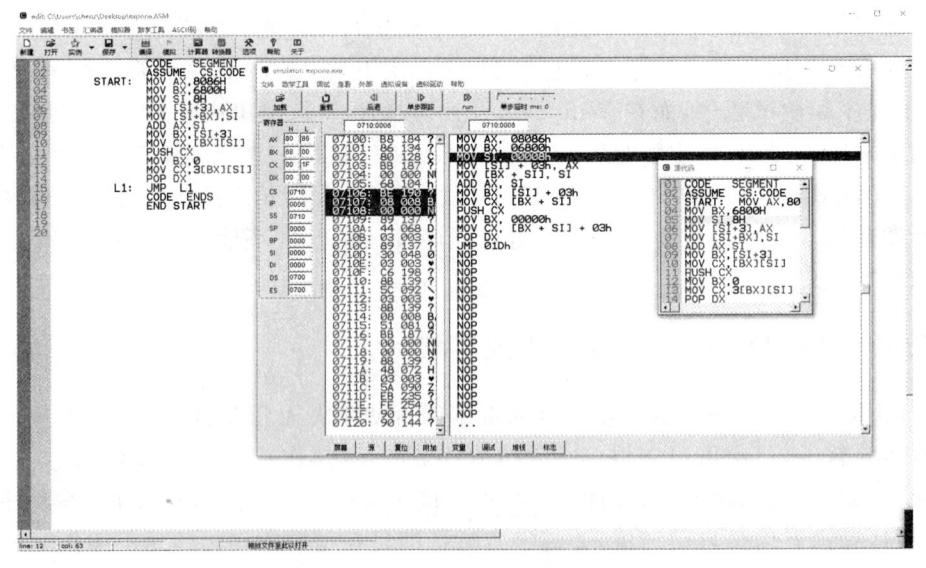

图 1.3　emu8086 运行及调试界面

第 2 章　程序设计集成开发环境

第 1 章简述了 8086 汇编语言程序设计的基本步骤和应用集成开发环境进行汇编语言设计及开发的基本过程。本章将叙述基于 TPC-USB 集成开发环境设计开发 8086 汇编语言程序的具体过程和方法，以及该集成平台在 TPC-UPC-ZK 实验系统中的使用方法。

2.1　TPC-USB 集成开发环境

前面已经简单介绍了基于 Windows 的汇编语言集成开发环境（如 MASM for Windows、emu8086），本章将介绍的 TPC-USB 集成开发环境也是此类开发环境。TPC-USB 集成开发环境是根据"微机原理实验"课程要求研制开发的，它适用于 TPC 系列的实验系统，并且支持 WIN7/WIN10（32/64 位）操作系统，支持 DOS 下的 16/32 位汇编程序和 Windows 下的 32 位汇编程序。

2.1.1　TPC-USB 主界面

安装 TPC-USB 集成开发环境后，双击桌面快捷图标 即可启动 TPC-USB 集成开发环境，显示的主界面如图 2.1 所示。

TPC-USB 集成开发环境的安装操作演示

2.1.2　硬件检测

如果当前进行的是硬件实验，那么首先应该进行硬件检测。点击菜单栏中的"选项"菜单，在下拉菜单中选择"硬件检测"，硬件正确连接提示信息和未连接提示信息如图 2.2 所示。如果显示"硬件已连接"，则表示检测到 TPC-UPC-ZK 硬件实验箱，可以进行硬件实验及软硬件的联合调试实验，此时点击"确定"按钮即可进入 TPC-USB 主界面进行硬件相关实验；如果显示"硬件未连接"，则表示未检测到 TPC-UPC-ZK 硬件实验箱，用户只能进行软件实验而无法进行硬件实验，此时点击"确定"按钮可进入 TPC-USB 主界面进行软件实验。

硬件检测操作演示

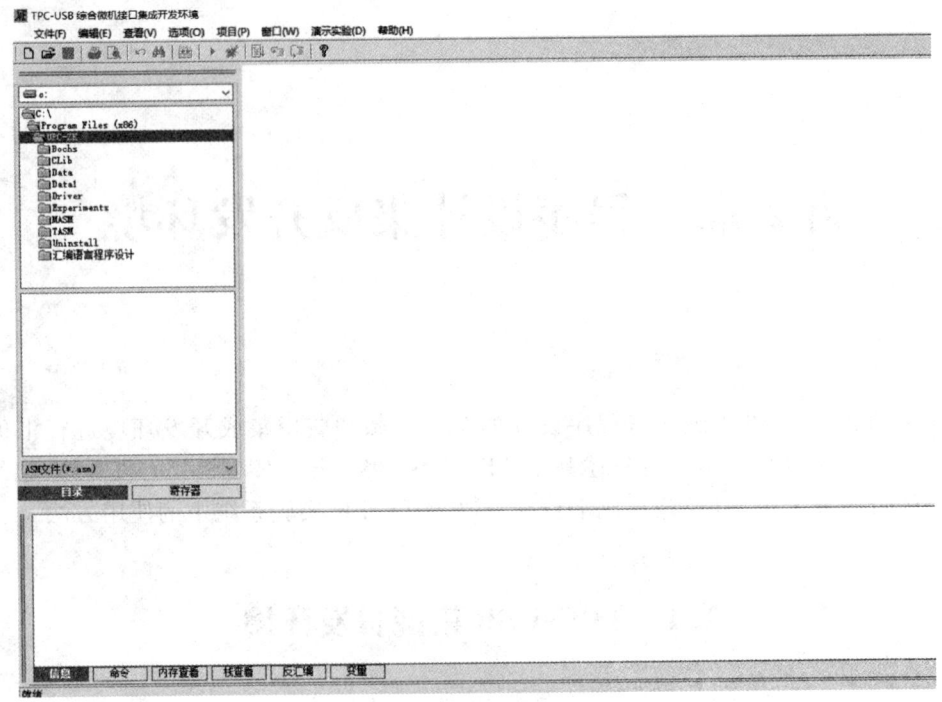

图 2.1 TPC-USB 集成开发环境主界面

(a) "硬件检测"菜单　　　　(b) 正确连接提示信息　　　　(c) 硬件未连接提示信息

图 2.2 硬件检测及提示信息

2.2 源程序的创建和编辑

TPC-USB 集成开发环境支持汇编语言(.asm 文件)类型的程序开发,除具有编辑功能外,还有语法错误提示等功能。用户创建、编辑完成汇编语言源程序(.asm 文件)并保存后,即可进行编译和链接操作。

2.2.1 创建源程序

在 TPC-USB 集成开发环境下,点击菜单栏中的"文件"菜单,在下拉菜单中选择"新建",或是在工具栏中单击"新建 ASM"快捷按钮 ,将出现源程序编辑窗口,可在编辑窗口内输入汇编语言源程序。

创建源程序操作演示

注意: 用户要自己确定源文件存放的路径。默认源文件存放于

TPC-USB 软件的安装目录下,环境界面左边路径浏览器显示的是当前默认的存放路径(图 2.3)。

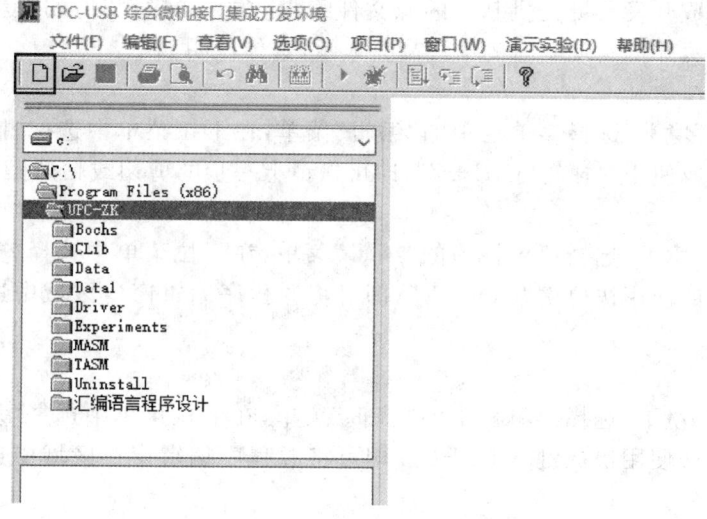

图 2.3 当前默认的源程序存放路径

2.2.2 打开源程序

选择菜单栏中的"文件"菜单,在下拉菜单中选择"打开",或是在工具栏中单击"打开"快捷按钮,将弹出"打开"文件选择窗口,在窗口中"文件类型"下拉菜单中选择 ASM 文件(*.asm)选项,程序即显示当前目录下所有的 ASM 文件(图 1.2.4)。单击要打开的文件,选中的文件名会显示在"文件名"中。单击"打开"按钮,当前选中的 ASM 文件将被打开并显示在源程序编辑窗口区域中。单击"取消"按钮,则取消打开文件的操作。

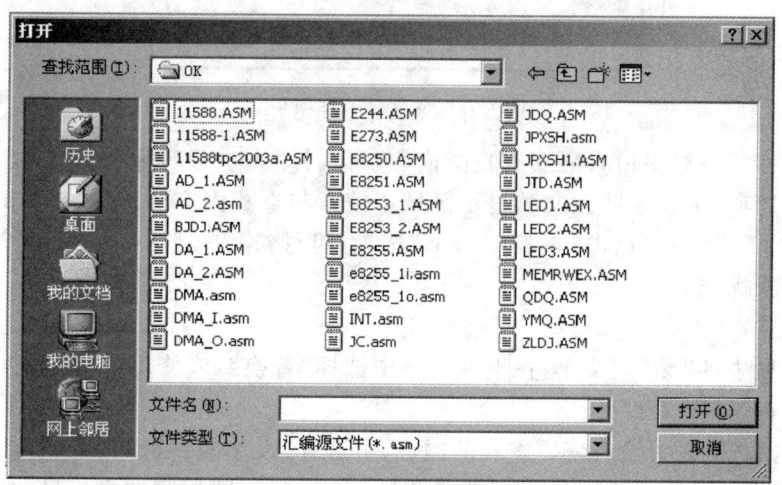

图 2.4 打开文件窗口

2.2.3 编辑源程序

TPC-USB集成开发环境提供基本的源文件编辑功能(如撤销、剪切、复制、粘贴、查找、替换、全选等操作),并可实现实时的语法高亮显示,具体说明如下:

1) 撤销

在当前运行环境下,选择菜单栏中的"编辑"菜单,在下拉菜单中选择"撤销",或在工具栏中单击"撤销",或使用快捷键"Ctrl+Z",即可撤销上一步的剪切或粘贴操作。

2) 剪切

在当前运行环境下,选择菜单栏中的"编辑"菜单,在下拉菜单中选择"剪切",或在工具栏中单击"剪切",或使用快捷键"Ctrl+X",即可将源程序编辑窗口区域中选中的内容剪切到剪贴板。

3) 复制

在当前运行环境下,选择菜单栏中的"编辑"菜单,在下拉菜单中选择"复制",或在工具栏中单击"复制",或使用快捷键"Ctrl+C",即可将源程序编辑窗口区域中选中的内容复制到剪贴板。

4) 粘贴

在当前运行环境下,选择菜单栏中的"编辑"菜单,在下拉菜单中选择"粘贴",或在工具栏中单击"粘贴",或使用快捷键"Ctrl+V",即可将剪贴板中的当前内容粘贴到源程序编辑窗口区域中光标所在处。

5) 查找

在当前运行环境下,选择菜单栏中的"编辑"菜单,在下拉菜单中选择"查找",或使用快捷键"Ctrl+F",即可弹出查找对话框,如图2.5所示。

图2.5 查找对话框窗口

在"查找内容"一栏中输入需要查找的内容,可选择"大小写匹配"的查找方式,然后单击"查找下一个"选项,则程序即在文档显示区域中搜索与查找内容匹配的字符串,找到第一个后将其高亮显示。用户再点击"查找下一个"选项,可继续搜索下一个匹配字符串;点击"取消",则退出查找操作。

6) 替换

选择菜单栏中的"编辑"菜单,在下拉菜单中选择"替换",或使用快捷键"Ctrl+H",即可弹出替换对话框,如图2.6所示。

在"查找内容"一栏中输入需要查找的内容,可选择"大小写匹配"的查找方式,然后在"替换为"一栏中输入需要替换的内容,单击"查找下一个"按钮,则程序在文档显示区域中搜索与查找内容匹配的字符串,找到第一个后高亮显示,用户可单击"替换"按钮将匹配的字符串替换,也可单击"全部替换"按钮将当前文档显示区域中所有与查找内容匹配的字符串全部替换。单击"查找下一个"按钮,可继续搜索下一个匹配字符串,也可单击"取消"按钮退出查找操作。

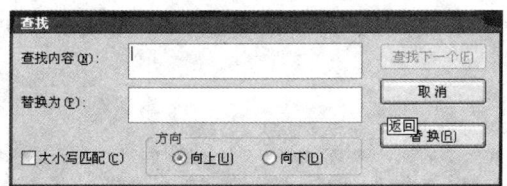

图 2.6　替换对话框窗口

另外，使用快捷键"Ctrl＋A"可以全选，即可将文档显示区域的所有内容选中。

上述的撤销、剪切、复制和粘贴操作，也可在源程序编辑窗口区域中通过单击右键，在得到的右键快捷菜单中选择相应的编辑操作实现。

注意：在 Windows 环境下编辑源文件的工具有许多，常用的是记事本。不管使用哪种工具建立用户源文件，都要遵守一条基本规则：用户源文件的扩展名为 asm（大小写均可）。另外，不管在哪种环境下，在源程序编辑过程中都要注意随时保存源文件，以防突然断电或其他意外事件使之前的编辑工作无效。保存源文件时要注意记住文件的存放路径。

2.2.4　保存源程序

源程序输入完毕，点击任务栏中的快捷图标 ，如果是无标题文档，则用户需在提示下输入文档的名称及选择保存的路径，单击"确定"按钮后保存，否则程序自动保存当前文档显示区域中显示的文档。或者选择菜单栏中的"文件"菜单，在下拉菜单中选择"另存为"，并在提示下输入文档的名称及选择保存的路径，单击"确定"按钮后保存。

2.3　源程序的编译和链接

执行创建、编辑、保存操作后的汇编源程序（ASM 源文件）还需要进行编译（得到 OBJ 目标文件）和链接操作后才能生成可执行文件（EXE 文件），具体操作过程如下。

2.3.1　构建（编译＋链接）

点击任务栏中的快捷图标 ，或选择菜单"项目"中的"编译＋链接"子菜单（图 2.7），或使用快捷键 F7，均可对当前的 ASM 源文件进行构建（编译＋链接）操作，在编译调试窗口中输出编译与链接的结果。若程序编译或链接有错，则将详细报告错误信息。逐个双击输出的错误信息，集成开发环境即可使光标自动跳至错误所在行代码的开始位置处，并用蓝色箭头指向错误所在行的行号。

编译和链接生成可执行文件操作演示

2.3.2　运行（执行）

链接通过后，得到了可执行文件（EXE 文件），此时可以点击任务栏中的快捷图标 ，或选择菜单"项目"中的"开始/结束执行"子菜单(图2.7),或使用快捷键"Ctrl+F8",使程序开始运行(执行)。

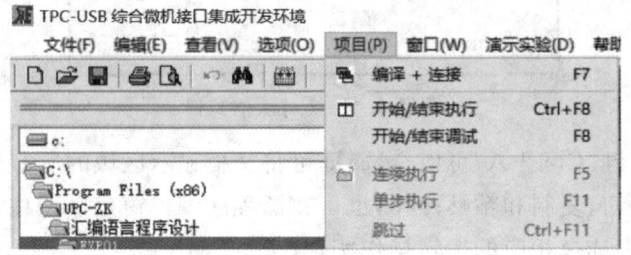

图2.7 "编译+链接"和"执行"菜单

2.4 源程序的调试和运行

如果需要调试可执行文件的功能或者查看内存或寄存器的运行情况,则需要进入调试环境进行调试操作,具体操作过程如下。

2.4.1 调试环境

编译和链接成功之后,在"ASM文件调试"菜单中选择快捷图标,也可以在工具栏中选择"开始调试"菜单,即可进入调试环境进行程序的调试。

注意: 如果执行调试或运行操作时并未接实验箱,将出现如图2.8所示的未检测到实验箱的情况,此时可选择"Continue and don't ask again"选项后进入调试或运行环境。

单步调试可执行
文件操作演示

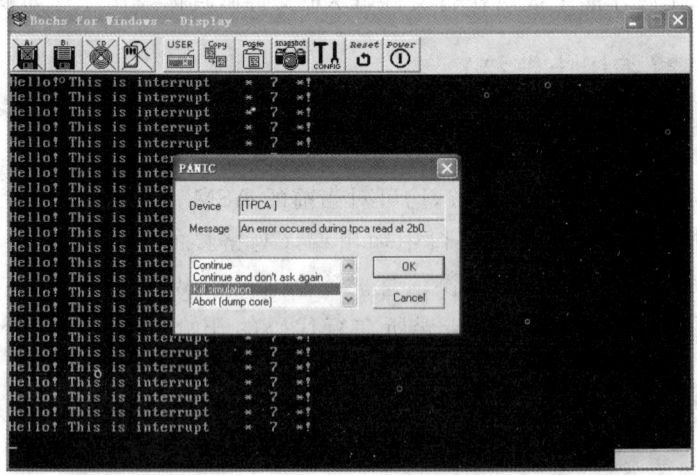

图2.8 调试或运行操作未检测到实验箱的弹窗选项

2.4.2 寄存器和内存的查看方法

寄存器查看窗口中显示主要的寄存器名称及其在当前程序中的对应值,如图 2.9 所示。若值为红色,则表示显示的是当前寄存器的值。调试时,单步执行,寄存器会随每次单步运行改变其输出值,并同样以红色显示。将窗口切换到内存窗口并修改起始地址或段地址,可以查看内存结果。用鼠标右击内存窗口中数据显示部分,可以进行"分段查看"的选取(图 2.9)。

查看内存操作演示

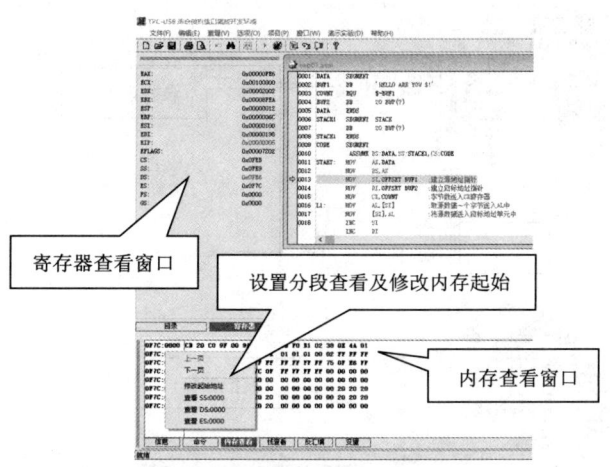

图 2.9 寄存器和内存查看窗口

注意:为了保证内存结果的正确性,在调试过程中查看内存前,应用鼠标右击内存窗口中数据显示部分,选取相应的段寄存器,将数据刷新为实时数据。

2.4.3 反汇编显示

反汇编即将机器码翻译成汇编语句。点击集成环境主界面下方的"反汇编"按钮,切换到反汇编显示窗口,可以显示源程序的反汇编结果(图 2.10)。

查看反汇编结果
操作演示

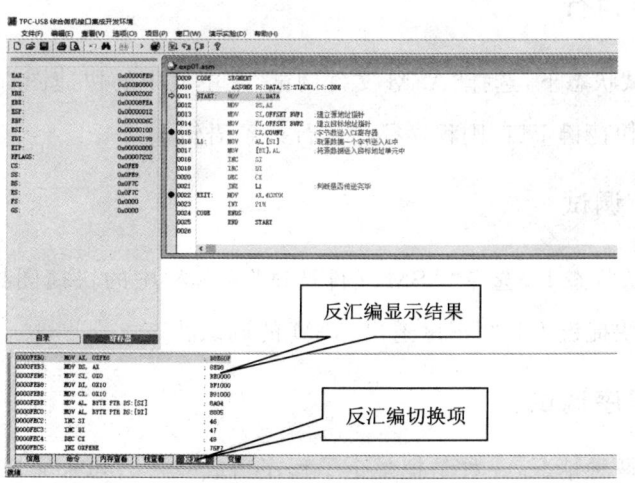

图 2.10 反汇编显示窗口

2.4.4 设置/清除断点

在 ASM 的调试状态下,对程序代码所在某一行前最左边的灰色列条单击鼠标左键,即在此行前设置了断点;如果要清除断点,只需再次对此行前最左边的灰色列条上的断点单击鼠标左键,则此断点标记被清除。箭头所指的行为当前单步执行的所在行。设置/清除断点如图 2.11 所示。

设置断点及调试
操作演示

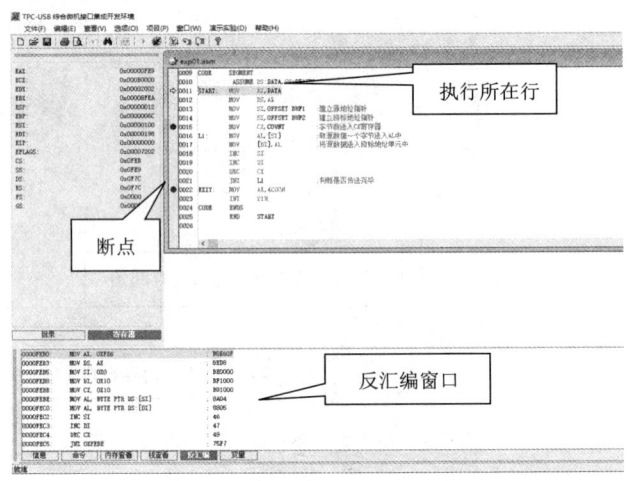

图 2.11 设置/清除断点

2.4.5 连续执行

在 ASM 的调试状态下,选择"ASM 文件调试"菜单栏中的快捷图标 ![icon],或选择"连续执行"菜单,或使用快捷键 F5,则程序连续运行,直至执行到断点或程序运行结束。

2.4.6 单步执行

在 ASM 的调试状态下,选择"ASM 文件调试"菜单栏中的快捷图标 ![icon],或选择"单步执行"菜单,或使用快捷键 F11,则程序往后运行一条语句。

2.4.7 结束调试

在 ASM 的调试状态下,选择"ASM 文件调试"菜单栏中的快捷图标 ![icon],或选择"结束调试"菜单,或使用快捷键 F8,则程序退出 ASM 的调试状态。

2.4.8 子程序调试

子程序调试分两种情况,一种是把整个子程序当成一条语句来完成,另一种是进入子程序,对子程序的每一条语句进行调试。

(1) 把整个子程序当成一条语句来完成。

在用"单步执行"命令对源程序进行调试时,若遇见子程序调用语句,则使用"跳过"命令(不用"单步执行"命令),或者在子程序调用语句的下一语句设置断点后点击"直接运行"菜单,可以运行到断点所在处。例如出现 CALL　DELAY ;语句,其中 DELAY 是 1 s 延时子程序,则执行"跳过"命令或在调用子程序语句的下一语句设置断点。此时,在执行"跳过"

子程序"跳过"调试操作演示

命令或"直接运行"到断点所在处后,1 s 延时子程序运行结束,应出现下一条语句。若 1 s 过后等待多时还不出现下一条语句,则可以判断为子程序出错。常见错误如计数寄存器被重复赋值、程序出现了死循环。后者可用"Ctrl+C"命令结束死循环,若仍退不出死循环,则必须用"Crtl+Alt+Delete"命令重启机器。

(2) 进入子程序,对子程序的每一条语句进行调试。

当子程序出错但检查不出错误时,必须进入子程序,对子程序的每一条语句进行调试。一般是将子程序中的计数寄存器的值设成最小(一般设成 1 或 2),这样在用"单步执行"命令调试时可避免一直处于循环中,增加调试时间。

进入子程序内部"单步"调试操作演示

2.5　命令调试

TPC-USB 集成开发环境具有"命令调试"功能,提供了强大的命令行调试功能。TPC-USB 集成开发环境是基于 bochs 开发的,如果当前的系统界面不能满足调试要求,则可以在命令栏中直接输入调试命令与 bochs 交互进行调试,即点击集成开发环境主界面左下方的"命令"按钮切换到命令调试状态,如图 2.12 所示。所有调试命令均提供了简要的用法说明,如在命令栏中输入"help"命令(注意:输入命令时不带双引号)可查看命令,输入"help 'cmd' "命令可查看命令"cmd"的相关帮助信息。

常用调试命令及其功能描述、用法、使用说明和示例见表 2.1。

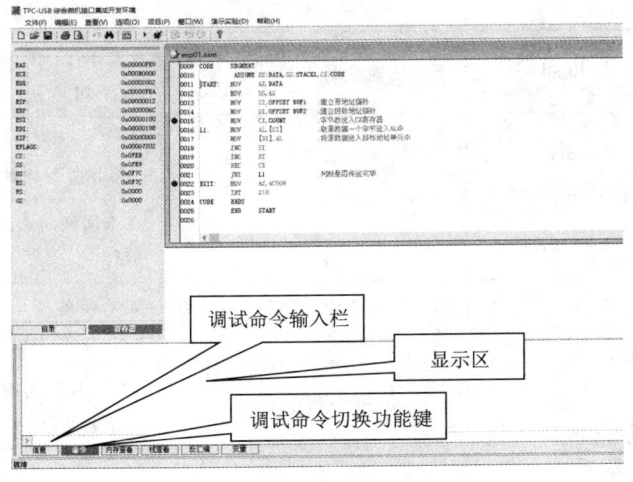

图 2.12　调试命令的输入和显示

表 2.1 常用调试命令

命令	功能	用法	使用说明	示 例
u	反汇编	u [/count] start end	反汇编给定的地址范围内的语句，可选参数"count"是反汇编指令的条数	(1) u　反汇编当前 CS:IP 所指向的指令； (2) u/10　从当前 CS:IP 所指向的指令起，反汇编 10 条指令； (3) u/12 0xfeff　反汇编从地址 0xfeff 处开始的 12 条指令
x	查看内存	x /nuf addr	查看地址"addr"处的内存内容，其中，nuf 由需要显示的值的个数和格式标识 [bhwxduotc m] 组成，未指明用何种格式的情况下将使用上一次的格式。 b:字节 h:半字 w:字（四字节） x:十六进制 d:十进制 u:无符号 o:八进制 t:二进制 c:字符 m:使用 memory dump 模式	(1) x/10 wx 0x234　以十六进制输出位于地址 0x234 处的 10 个双字； (2) x/10 bc 0x234　以字符形式输出位于地址 0x234 处的 10 个字节； (3) x/h 0x234　使用上次格式输出位于地址 0x234 处的 1 个字
info	查看寄存器及断点	info reg info b	reg 为通用寄存器 b 表示查看断点情况	(1) info ax (2) info b
r	修改寄存器	r reg=expression	reg 为通用寄存器 expression 为算术表达式	(1) r eax = 0x12345678　对 eax 赋值 0x12345678； (2) r ax = 0x1234　对 ax 赋值 0x1234； (3) r al = 0x12 + 1　对 al 赋值 0x13
lb	下断点	lb addr	下线性地址断点	lb 0xfeff　在 0xfeff 下地址断点。注意,0f00:eff 所处地址就是 0xfeff
del	删断点	del n	删除第 n 号断点	del 2　删除 2 号断点，断点编号可通过 info b 命令查看
c	连续运行	c	—	在未遇到断点或是 watchpoint 时将连续运行
n	单步	n	执行当前指令,并停在紧接着的下一条指令	如果当前指令是 call 和 ret，则相当于 step over(跳过)
s	单步多条	s [count]	执行 count 条指令	s 10　执行当前到第 10 条指令，并停在紧接着的第 11 条指令
q	退出	—	—	—

第 3 章　8086CPU 接口设计实验系统

本章将介绍的 8086CPU 接口设计实验系统——TPC-UPC-ZK 实验系统是由中国石油大学(华东)与清华大学联合研制开发的。该实验系统根据"微机原理实验"课程要求设计,目的是加深学生对计算机硬件的理解和认识,培养学生实际动手和解决问题的能力。该实验系统可完成输入接口、输出接口、可编程并行接口 8255A、数码显示等硬件接口实验,充分满足实验教学需求,也可供学生课程设计、毕业设计和开放实验使用。

3.1　TPC-UPC-ZK 实验系统

TPC-UPC-ZK 实验系统的总体结构框图如图 3.1 所示。该实验系统的硬件部分由 PC、USB 模块(即 USB 总线接口的核心板)、实验台、USB 总线电缆和自锁导线组成。USB 模块直接插在实验台 50 芯信号插座上。插有 USB 模块的实验台实物及常用信号引脚、I/O 端口和电子器件布局如图 3.2 所示。

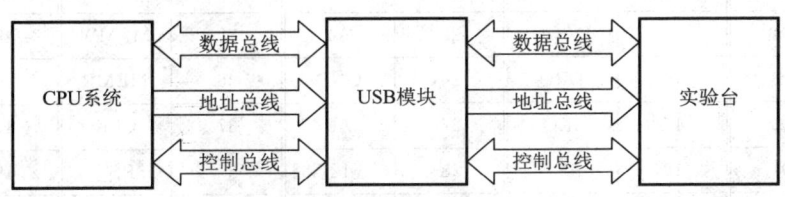

图 3.1　实验系统总体结构框图

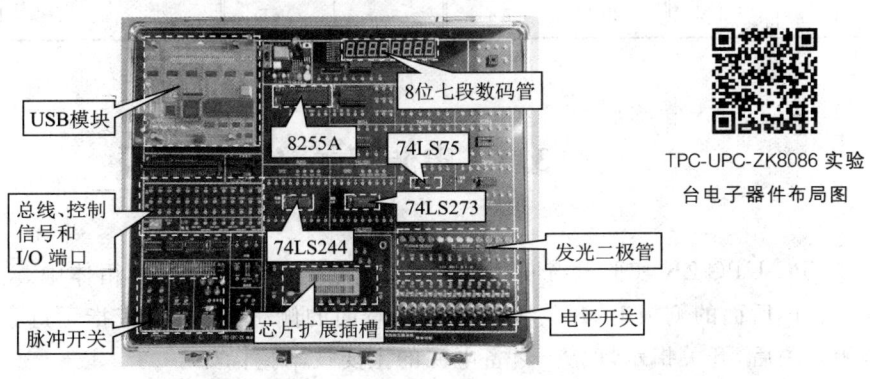

图 3.2　实验台实物及信号、I/O 端口和电子器件布局

3.2　USB 模块及仿 ISA 总线信号

USB 模块使用了飞利浦公司的 ISP1581USB2.0 高速接口芯片，符合 USB2.0 接口规范，提供了高速 USB 下的通信能力。USB 模块的左侧提供 USB 接口，通过 USB 总线电缆与 PC 相连，用于信息和数据的通信；USB 模块产生仿 ISA 总线信号，直接在实验台上输出。

USB 模块背面的上下两侧提供三个对外接口：一个位于 USB 模块下方的 50 芯接口和两个位于 USB 模块上方的 20 芯接口。其中，50 芯接口为实验台提供仿 ISA 总线信号，信号引脚与实验台上 50 芯信号插座信号一一对应；两个 20 芯接口连接到实验台上，提供实验所需的电源与信号。

50 芯接口(仿 ISA 总线信号)的引脚插孔在实验台 USB 接口模块的下方，详细布局见表 3.1。各总线信号采用"自锁紧"插孔和 8 芯针方式在标有"总线"的区域引出，有数据线 D0～D7、地址线 A19～A0、I/O 读写信号 $\overline{IOR}$ 和 $\overline{IOW}$、存储器读写信号 MEMR 和 MEMW、中断请求 IRQ、DMA 申请 DRQ、DMA 回答 DACK 及 AEN 等。此外，清零按钮(RESET)用于对 USB 接口模块内部电路进行初始化。

表 3.1　实验台 50 芯总线信号及引脚插孔布局表

引脚号	信　号	引脚号	信　号	引脚号	信　号	引脚号	信　号	引脚号	信　号
1	+5 V	11	E245	21	A7	31	A1	41	ALE
2	D7	12	$\overline{IOR}$	22	A6	32	GND	42	T/C
3	D6	13	$\overline{IOW}$	23	A5	33	A0	43	A16
4	D5	14	AEN	24	+12 V	34	GND	44	A17
5	D4	15	DACK	25	A4	35	MEMW	45	A15
6	D3	16	DRQ	26	GND	36	MEMR	46	A14
7	D2	17	IRQ	27	A3	37	CLK	47	A13
8	D1	18	+5 V	28	−12 V	38	RST	48	A12
9	D0	19	A9	29	A2	39	A19	49	A10
10	+5 V	20	A8	30	GND	40	A18	50	A11

3.3　电源开关及技术指标

TPC-UPC-ZK 实验系统自备电源，安装在实验台面板下的箱体中。交流电源的插座固定在箱体后面的侧板上，开关固定在箱体右面的侧板上，且自带指示灯。当接通电源，打开电源开关后，开关指示灯亮。自备电源的主要技术指标如下。

(1) 输入电压：AC 175～265 V。

(2) 输出电压/电流：+5 V/2.5 A、+12 V/0.5 A、-12 V/0.5 A。

(3) 输出功率：25 W。

此外，在实验台面板的左上角（即 USB 模块右侧）还有一个直流电源开关，打开后实验台直流电源指示灯亮。

注意：先打开实验箱右侧交流电源开关后，再把直流电源开关拨到"开"的位置，直流 +5 V、+12 V、-12 V 将加到实验台电路上。

3.4 I/O 端口及译码电路

根据实验内容的设计要求，经过译码电路可选用的 I/O 端口共 64 个，地址范围为 $\overline{280H}\sim\overline{2BFH}$，分 8 组输出，即 $\overline{Y0}\sim\overline{Y7}$。每组具体的地址范围分别为 $\overline{280H}\sim\overline{287H}$、$\overline{288H}\sim\overline{28FH}$、$\overline{290H}\sim\overline{297H}$、$\overline{298H}\sim\overline{29FH}$、$\overline{2A0H}\sim\overline{2A7H}$、$\overline{2A8H}\sim\overline{2AFH}$、$\overline{2B0H}\sim\overline{2B7H}$、$\overline{2B8H}\sim\overline{2BFH}$。8 组输出线在实验台"I/O 端口地址"处分别由自锁紧插孔 $\overline{Y0}\sim\overline{Y7}$ 引出，其译码电路如图 3.3 所示。

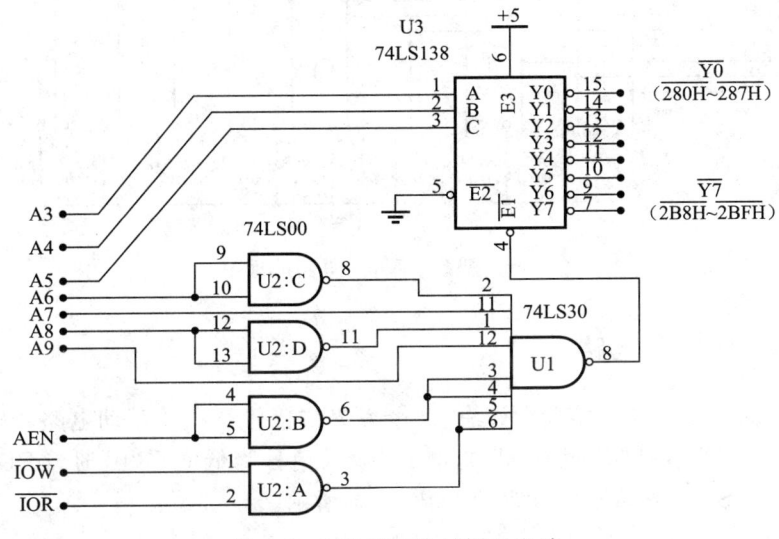

图 3.3 I/O 端口地址译码电路

3.5 外围元件及电路原理图

3.5.1 逻辑电平开关

TPC-UPC-ZK 实验系统的实验箱右下方有 12 个开关 K0~K11。当开关拨到"1"位置时，开关断开，输出电平指示灯亮，输出高电平；当拨到"0"位置时，开关接通，电平输出指示灯灭，输出低电平。开关上下串接了保护电阻，输出电平不直接同 +5 V、GND 相连，可有效地防止因误操作而损坏集成电路。逻辑电平开关电路如图 3.4 所示。

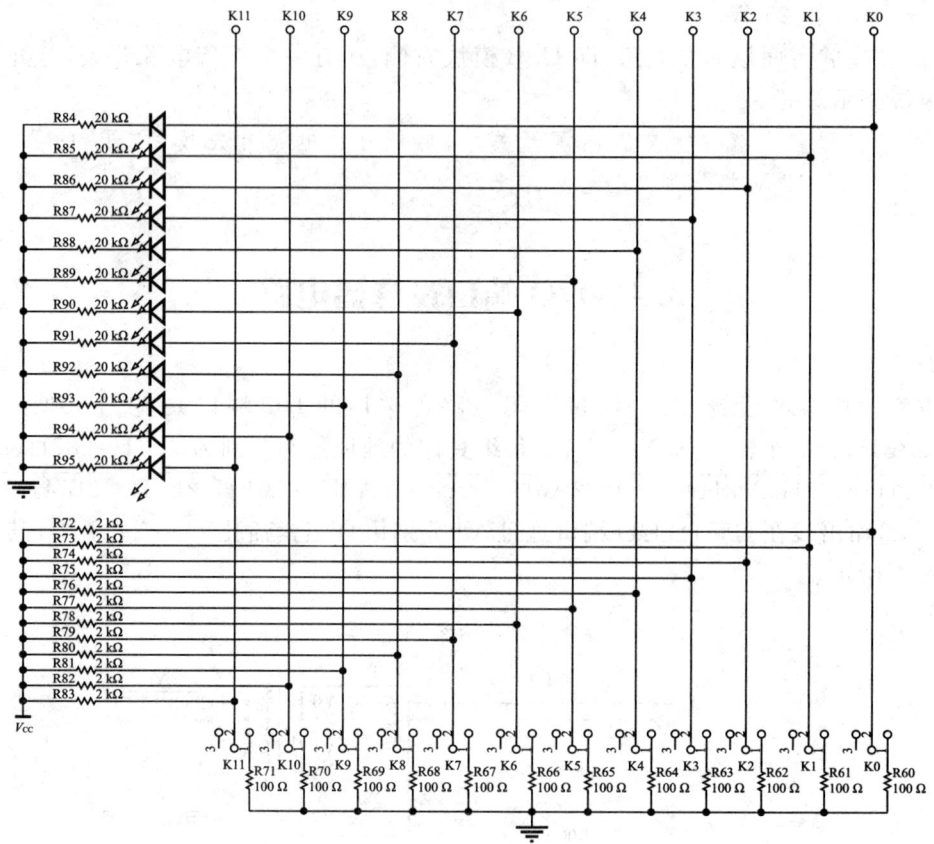

图 3.4 逻辑电平开关电路原理图

3.5.2 LED 显示电路

TPC-UPC-ZK 实验系统的实验台设有 12 个发光二极管及相关驱动电路,输入端为 L0~L11。当输入信号为高电平"1"时,LED 灯亮;当输入信号为低电平"0"时,LED 灯灭。每个输入端都通过 74LS244 驱动器加以驱动,如图 3.5 所示。

3.5.3 七段数码管显示电路

TPC-UPC-ZK 实验系统的实验箱共有 8 个共阴极数码管及驱动电路,如图 3.6 所示。
段码输入端:A、B、C、D、E、F、G、DP。
位码控制端:$\overline{S0}\sim\overline{S7}$。

3.5.4 单脉冲电路

单脉冲是由 RS 触发器产生的,每按一次开关即可从两个插孔上分别输出一个正脉冲及负脉冲,供中断、DMA、定时器/计数器等实验使用。单脉冲电路(经过硬件消抖)如图 3.7 所示。

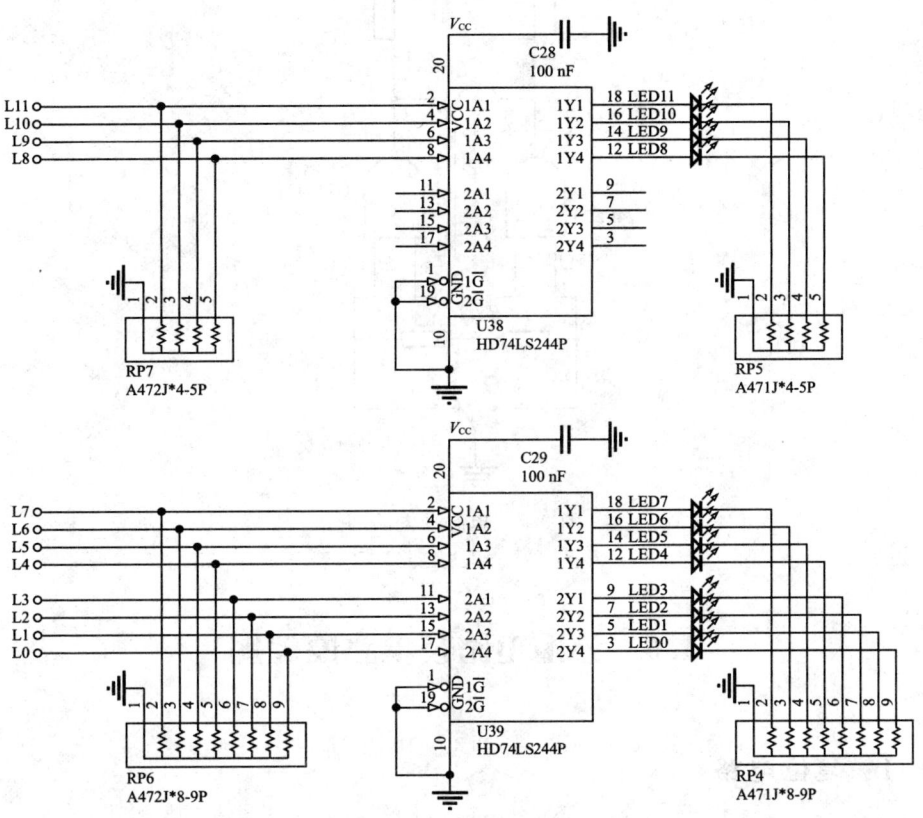

图 3.5 发光二极管及驱动电路原理图

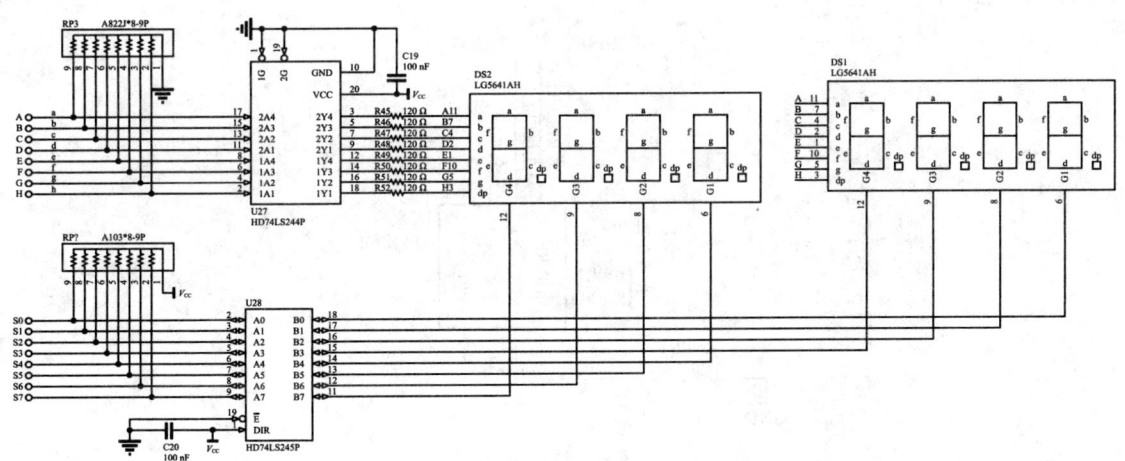

图 3.6 数码管显示及驱动电路原理图

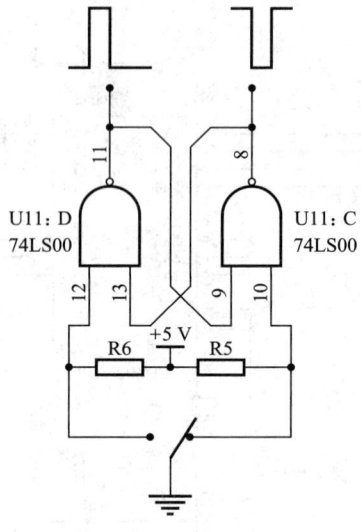

图 3.7 单脉冲电路图

3.6 外围电路及电路原理图

3.6.1 复位电路

TPC-UPC-ZK 实验系统的实验箱有一复位电路,如图 3.8 所示,在上电时,或按下复位开关 RESET 后,会产生高电平和低电平两路信号,可提供 8255、8283 芯片的复位信号,也可供其他实验使用。

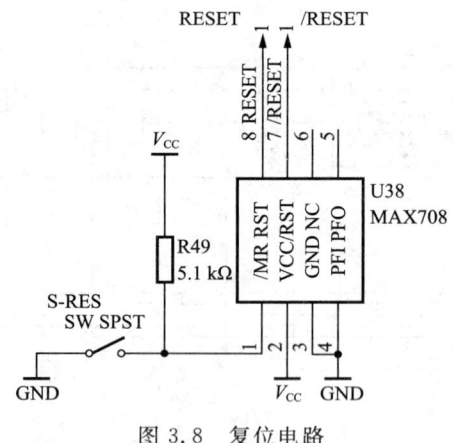

图 3.8 复位电路

3.6.2 时钟电路

时钟电路输出 1 MHz、2 MHz 两种信号,供定时器/计数器、A/D 转换器、串行接口及分频实验使用。时钟电路图如图3.9所示。

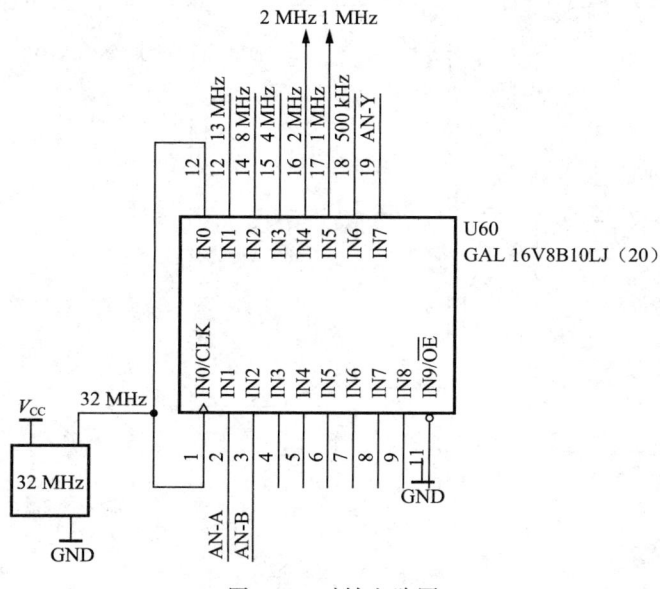

图3.9 时钟电路图

3.6.3 跳线开关

为了实验方便,TPC-UPC-ZK实验系统的实验箱上设有跳线开关,分以下几种:+5 V或+12 V电源插针,用于减轻+5 V电源负载和保证各主要芯片的安全,以及学生在学习中设置故障。在各主要实验电路附近都设有相应的电源连接插针,当实验需要该部分电路时,用短路端子短接插针即可接通电源。对于用不到的电路,可将短路端子拔掉以确保芯片安全。

跳线开关示例图

3.6.4 逻辑笔

当输入端 U_i 接高电平时,红灯(H)亮;当接低电平时,绿灯(L)亮;当有一脉冲时,黄灯亮一次,计数指示灯加1,可用于测试 TTL 电平和 CMOS 电平。逻辑笔电路如图3.10所示。

3.6.5 双排插座

TPC-UPC-ZK 实验系统的实验箱上有一个20芯双排插座JX1和一个26芯双排插座,用于外接附加的键盘显示实验板和其他用户开发的实验板。JX1各引脚、信号布局见表3.2。26芯双排插座各引脚、信号布局见表3.3。

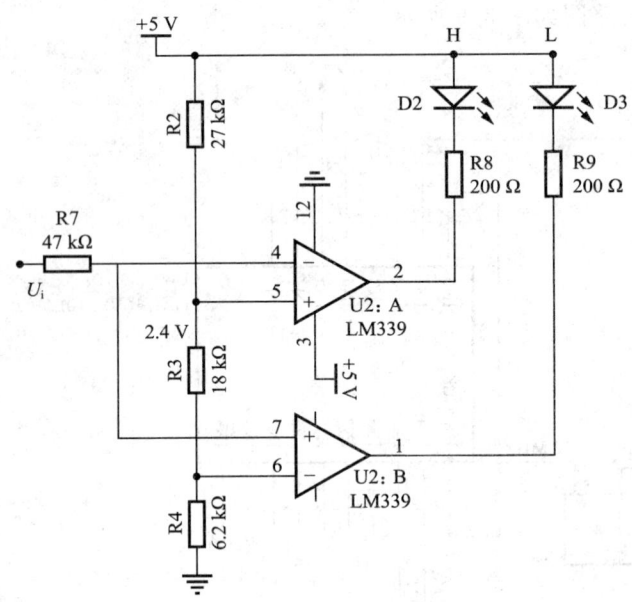

图 3.10 逻辑笔电路

表 3.2 **JX1 各引脚、信号布局表**

引脚	2	4	6	8	10	12	14	16	18	20
信号	GND	GND	1 MHz	A1	A0	IOW	IOR	+5 V	+5 V	RESET
引脚	1	3	5	7	9	11	13	15	17	19
信号	CS=2B0H	IRQ	D7	D6	D5	D4	D3	D2	D1	D0

表 3.3 **26 芯双排插座各引脚、信号布局表**

引脚	2	4	6	8	10	12	14	16	18	20	22	24	26
信号	−12 V	GND	MEMW	DACK1	A3	A5	A7	A9	A11	8M	1M	CS=2B8H	+12 V
引脚	1	3	5	7	9	11	13	15	17	19	21	23	25
信号	+12 V	+5 V	MEMR	DRQ1	A2	A4	A6	A8	A10	32M	2M	/RESET	−12 V

第 4 章　TPC-USB 集成开发环境在 TPC-UPC-ZK 实验系统中的应用

前面在程序设计集成开发环境章节中介绍了 TPC-USB 集成开发系统,它是适用于 TPC-UPC-ZK 实验系统开展硬件接口实验的集成环境。本章将介绍 TPC-UPC-ZK 实验系统在该开发环境下的接口设计及应用。

4.1　搭建接口设计开发环境

硬件接口设计首先需要搭建好开发环境。接口设计开发环境包括软件环境和硬件开发平台。若采用 TPC-UPC-ZK 实验系统作为硬件开发平台,则软件环境宜采用适用于该实验系统的 TPC-USB 集成开发系统。搭建接口设计开发环境包括搭建实验系统和硬件检测。具体搭建过程描述如下。

4.1.1　搭建实验系统

(1) 连接 TPC-UPC-ZK 实验系统电源(位于实验箱后侧面板上)。

(2) 连接 USB 电缆:将 USB 电缆的一端 B 类型接口接 USB 模块左侧的 USB 接口,另一端 C 类型接口接 PC 的 USB 接口。

(3) 开启 PC 电源。

(4) 实验台加电测试:待 PC 完全启动之后,打开实验系统电源开关(包括实验箱右侧的交流电源总开关和 USB 模块右侧的直流电源开关),USB 模块上面的指示灯点亮,此时如果弹出"是否允许安装驱动",一定要点击允许,否则将检测不到硬件设备。

(5) 启动 TPC-USB 集成开发环境:双击桌面的快捷图标 ,在屏幕上显示主界面。

注意:应先将 USB 电缆线接好再启动 PC,待 PC 完全启动之后再给实验台加电,否则实验中容易出现检测不到硬件设备的情况。

4.1.2　检测硬件

前面章节介绍过 TPC-USB 软件的"硬件检测"功能可以检测 PC 的 USB 口是否连接实

验箱。如果用户已打开 TPC-UPC-ZK 实验系统的实验箱电源且实验箱通信正常,则显示"硬件已连接"信息,否则显示"硬件未连接"信息。

用户首先应检查实验箱 USB 电缆接线是否完好、实验系统电源是否已打开,然后点击"选项"菜单中的"硬件检测"子菜单,查找接口设备。如果未检测到硬件设备,则可以关闭实验系统电源后再次打开或重新安装实验系统的驱动程序,然后点击"选项"菜单中的"硬件检测"子菜单,再次查找接口设备。

若当前窗口界面中显示"硬件已连接"信息,则表示 TPC-UPC-ZK 实验系统 USB 接口设备连接完好,与计算机通信正常,可以进入 TPC-USB 集成开发环境进行硬件实验;若显示"硬件未连接"信息,则表示则表示 TPC-UPC-ZK 实验系统 USB 接口设备连接不正常,未检测到实验箱,需要进一步查找原因(USB 接线是否完好、实验箱电源是否已打开、开机启动步骤是否正确等)。

总结上述搭建的过程为:搭建 TPC-UPC-ZK 实验系统,若 TPC-USB 软件检测到硬件设备已连接并且通信正常,则说明接口设计环境已搭建好。

4.2　接口设计流程及软硬件调试方法

4.2.1　接口设计流程

一个完整的接口设计过程应由软件设计和硬件设计两部分组成。软件设计部分是根据任务要求制订软件设计方案并画出程序流程图,再根据流程图编写源程序;硬件设计部分是根据任务要求制订硬件设计方案并设计接口电路原理图,再根据原理图搭建硬件接口电路。在实验过程中,这两部分必须完全调试正确,任何一部分有误都将导致实验任务无法实现。接口设计的科学流程如图 4.1 所示。

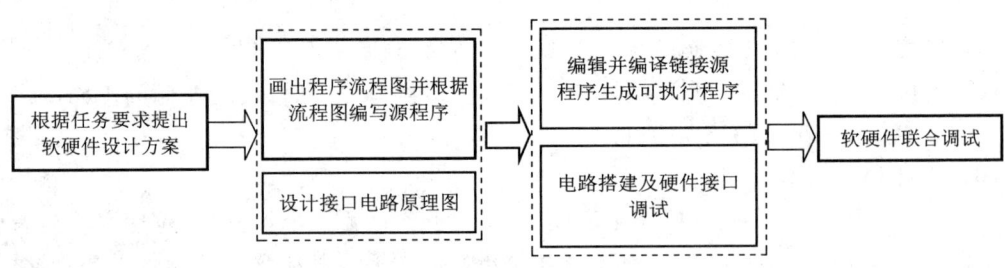

图 4.1　接口设计的科学流程

4.2.2　接口设计实验步骤

接口设计实验过程中的具体步骤如下:
(1) 按照设计的接口电路原理图正确搭建硬件接口电路。
(2) 检查接线无误后打开电源开关,进行硬件测试。
(3) 检测到硬件设备后,进入 TPC-USB 集成开发环境编辑源程序。
(4) 源程序编译、链接无误后,结合 TPC-USB 集成开发环境中的单步调试命令对源程序进行软硬件联合调试,直到源程序的功能实现,实验任务完成。

4.2.3 输出接口电路调试

按照设计的输出接口电路原理图搭建好硬件接口电路,可以结合 TPC-USB 环境进行软硬件联合调试,测试接口电路设计是否正确。具体操作过程如下。

1) 输出接口电路测试

步骤一,单步执行命令完成下列语句,LED 灯应全亮。

```
MOV    DX,280H        ;假设 I/O 端口地址接实验台的 Y0 引脚
MOV    AL,0FH         ;LED 灯为共阴极,设为高电平
OUT    DX,AL
```

步骤二,单步执行命令完成下列几条语句时,LED 灯应全灭。

```
MOV    DX,280H        ;假设 I/O 端口地址接实验台的 Y0 引脚
MOV    AL,00H         ;LED 灯为共阴极,设为低电平
OUT    DX,AL
```

若不符合上述现象,则应马上关闭实验台电源,检查接线是否有误。

2) 功能测试

在硬件调试通过后,可直接编译、链接并运行程序。若运行程序后实验结果不正确,则一般是源程序出错,需要进一步使用单步执行命令(或设置断点)查找问题。

4.2.4 输入接口电路调试

按照设计的输入接口电路要求连接好导线,检查无误后打开电源开关。通过 TPC-USB 环境来检查接线是否正确。具体调试操作过程如下:

(1) 接线完毕检查无误后,设置好预读入 CPU 的脉冲信号或开关电平信号初态。

(2) 检查读入 CPU 的数据和 AL 位的对应关系是否正确。

单步执行命令完成下列几条语句时,输入接口电路的输出端数据被读入 AL。

```
MOV    DX,280H        ;假设 I/O 端口地址接实验台的Y0 引脚
IN     AL,DX
```

若输入接口电路的输出端接数据线 D0,则当 D0 为高电平时,读入的数据应为奇数;当 D0 为低电平时,读入的数据应为偶数。

说明:数据是通过数据线 D0 读入 CPU 的,当输入信号为高电平时,D0 为 1,D1~D7 没接线,为随机数,接线正确读入的是一个奇数,如 FF;当输入信号为低电平时,D0 为 0,D1~D7 没接线,为随机数,接线正确读入的是一个偶数,如 FE。

(3) 若不满足上述要求,则应马上关闭电源,检查接线是否有错。

(4) 功能测试。

在硬件调试通过后,可直接编译、链接并运行程序。若运行程序后实验结果不正确,则一般是源程序出错,需要进一步使用单步执行命令(或设置断点)查找问题。

4.3 通信中断问题的处理

该实验系统为 USB 接口,在进行硬件实验的过程中,USB 模块与 PC 之间需要实时通信,如果设备之间通信中断,将会出现如图 2.8 所示的现象。

产生通信中断的主要原因是:用户在实验操作中需要频繁接触实验台,而人体静电或其他原因容易造成通信干扰,使通信中断。此时,可以通过按动 USB 模块上的复位按键或关闭(直流或交流)电源开关再重新打开使硬件通信复位,再继续进行实验。具体操作如下:

(1) 出现通信中断现象后,首先检查 USB 电缆两端端口与实验台和 PC 接口连接是否无误,然后点击"选项"菜单中的"硬件检测"子菜单,点击"再次查找接口设备",显示"硬件连接成功"信息,在检测到通信正常的情况下可以继续进行硬件实验。

(2) 如果检查 USB 电缆两端端口与实验台和 PC 接口连接无误后硬件检测仍显示"硬件未连接"信息,则按动 USB 模块上的复位按键,然后点击"选项"菜单中的"硬件检测"子菜单,点击"再次查找接口设备",显示"硬件连接成功"信息,在检测到通信正常的情况下可以继续进行硬件实验。

(3) 如果按动复位按键后硬件检测仍显示"硬件未连接"信息,则关闭 USB 模块左侧的直流电源开关再重新打开,然后点击"选项"菜单中的"硬件检测"子菜单,点击"再次查找接口设备",显示"硬件连接成功"信息,在检测到通信正常的情况下可以继续进行硬件实验。

(4) 如果关闭直流电源开关再重新打开后硬件检测仍显示"硬件未连接"信息,则关闭实验箱右侧面板的交流电源开关再重新打开,然后点击"选项"菜单中的"硬件检测"子菜单,点击"再次查找接口设备",显示"硬件连接成功"信息,在检测到通信正常的情况下可以继续进行硬件实验。

第 5 章 8086CPU 系统程序设计及接口技术实验

● 实验一 8086CPU 系统寻址方式和汇编语言程序设计

一、实验目的

(1) 掌握 8086CPU 系统的逻辑地址和寻址方式。
(2) 掌握 8086CPU 系统中机器数的表示方式。
(3) 掌握指令的机器码表示方法。
(4) 掌握堆栈的概念和操作过程。
(5) 掌握集成开发环境下的程序设计和调试方法。
(6) 掌握汇编语言实现具体算法的方式,区分汇编语言与高级语言的编程风格。

实验一预习视频

二、实验内容

● 1. 汇编语言程序设计过程和调试实验

执行汇编源程序的编辑、编译和链接操作,并完成调试内容,掌握汇编语言程序设计的基本方法和技巧。

下面的汇编语言源程序实现了将 16 位(双字节)数据存入寄存器,进行寄存器和内存单元之间的数据传送,并将寄存器 CX 的数据送入栈内,再从栈内取出送入寄存器 DX。程序流程图(即描述程序执行的过程)如图 5.1 所示,代码如下:

行号	代码
1	CODE　SEGMENT
2	ASSUME CS:CODE
3	START:MOV AX,8086H
4	MOV BX,6800H
5	MOV SI,8H
6	MOV DS:[000BH],AX

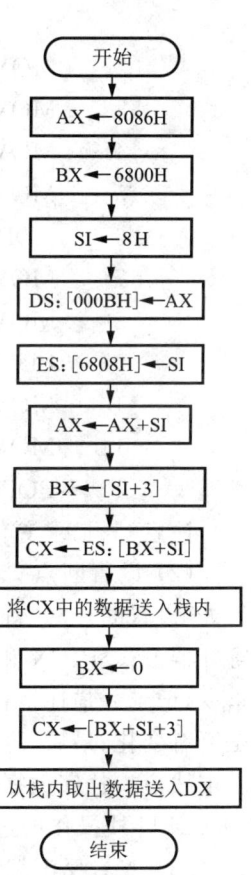

图 5.1 程序流程图

7	MOV ES:[6808H],SI
8	ADD AX,SI
9	MOV BX,[SI+3]
10	MOV CX,ES:[BX+SI]
11	PUSH CX
12	MOV BX,0
13	MOV CX,3[BX][SI]
14	POP DX
15	L1：JMP L1
16	CODE ENDS
17	END START

调试过程包括"单步调试"和"设置断点"两种，具体调试内容如下：

（1）单步调试。在TPC-USB集成开发环境的调试状态下，采用"单步执行"操作调试上述源程序中的每条汇编指令，观察执行过程，实时记录并描述每条指令运行后相关寄存器（如AX、BX、CX、DX）、内存（包括数据段、代码段、附加段、堆栈段）的变化情况以及所采用的寻址方式。

例如：1　MOV AX,8086H　AX：0000H→8086H　源操作数立即寻址方式和目标操
作数寄存器寻址方式

2	MOV BX,6800H _____
3	MOV SI,8H _____
4	MOV DS:[000BH],AX _____
5	MOV ES:[6808H],SI _____
6	ADD AX,SI _____
7	MOV BX,[SI+3] _____
8	MOV CX,ES:[BX+SI] _____
9	PUSH CX _____
10	MOV BX,0 _____
11	MOV CX,3[BX][SI] _____
12	POP DX

注意：只记录变化的寄存器和内存单元。

（2）设置断点。在TPC-USB集成开发环境的调试状态下，在上述源程序的第10行语句处"设置断点"。首先，执行"连续执行"操作到断点处，记录此时堆栈段的栈底数据，以及寄存器SS、SP、CX和DX的实时数据情况；然后，执行"单步执行"操作，运行当前PUSH CX指令，记录并描述运行指令后堆栈窗口栈底数据的变化情况，以及寄存器SS、SP、CX和DX是否有变化；最后，再次执行"单步执行"操作，运行当前POP DX指令，记录并描述运行指令后堆栈窗口栈底数据的变化情况，以及寄存器SS、SP、CX和DX是否有变化，总结并描述8086CPU栈操作的过程。

（3）查看反汇编结果。切换至"反汇编"显示窗口，查看每条指令的机器码表示方法（包括操作码和操作数），记录反汇编结果并分析上述源程序的反汇编结束指令语句和末地址；

记录并描述上述源程序第3行(MOV AX,8086H)、第9行(MOV BX,[SI+3])语句中的操作码和操作数。

(4) 将第3行(MOV AX,8086H)、第4行(MOV BX,6800H)语句中8086H和6800H分别修改为8086和6800,然后重新进行编译和链接操作,采用"单步执行"操作这两句指令,记录并描述寄存器窗口中AX和BX的变化,总结并描述8086CPU机器数的表示方式及双字节数在寄存器中的存放规律。

● **2. 编程设计实验(一)**

内存中现有X和Y两个存储单元,分别存有42和−43,利用汇编语言编程计算这两个数之和,并将结果放入SUM存储单元。

实验操作及调试步骤如下:

(1) 在TPC-USB环境中根据编程设计任务完成汇编源程序的编辑、编译和链接操作,生成可执行文件。

(2) 在调试状态下应用"单步执行"或"设置断点"操作进行调试。结合程序调试过程自行设计调试方案,记录源程序在内存(包括数据段和代码段)中的位置、大小,以及数据段存储单元中数据的变化情况,并描述机器数在内存(数据段)中的存放规律以及有符号数在内存中的表示形式。

注意:① 位置是指源程序的数据段和代码段在内存中存放的开始地址到结束地址的逻辑地址及范围(数据段或代码段的段地址:开始地址~结束地址)。

② 大小是指所占内存的字节(或存储单元)个数。

● **3. 编程设计实验(二)**

数据段中的一个存储单元X中存放的数据为10H,编程实现将该存储单元中的数据循环左移四位后存放到数据段的另一个存储单元Y中。

实验操作及调试步骤如下:

(1) 在TPC-USB环境中根据编程设计任务完成汇编源程序的编辑、编译和链接操作,生成可执行文件。

(2) 结合程序调试过程自行设计调试方案,记录源程序在内存(包括数据段和代码段)中的位置、大小,以及数据段存储单元中数据的变化情况,并描述循环左移操作的实现过程。

三、选做实验

★(1) 编程设计实现三个十六进制数1234H、5678H、AAAAH的相加运算,结果存放在数据段SUM中。

实验操作及调试步骤如下:

① 在TPC-USB环境中根据编程设计任务完成汇编源程序的编辑、编译和链接操作,生成可执行文件。

② 结合程序调试过程自行设计调试方案,记录源程序在内存(包括数据段和代码段)中的位置、大小,以及数据段存储单元中数据的变化情况,并描述双字节数在内存中的存放规律。

▲(2) 编程设计实现采用单字节指令计算两个带符号数−125和10的和,结果存放在

数据段200H存储单元中。数据段201H存储单元存放运算结果的符号位(0表示正、1表示负),数据段202H存储单元存放运算结果的进位位(0表示无进位、1表示有进位),数据段203H存储单元存放运算结果的绝对值。

实验操作及调试步骤如下:

① 在TPC-USB环境中根据编程设计任务完成汇编源程序的编辑、编译和链接操作,生成可执行文件。

② 结合程序调试过程自行设计调试方案,记录源程序在内存(包括数据段和代码段)中的位置、大小,以及数据段存储单元中数据的变化情况,并描述带符号数在内存中的存放规律。

四、预习要求

(1) 预习8086CPU系统的各种寻址方式。

(2) 预习逻辑地址和内存分段的概念。

(3) 掌握简单的伪指令使用方法以及数据段和代码段的定义方法。

(4) 预习8086CPU的基本结构及地址、堆栈和段超越等基本概念,掌握堆栈操作的基本方法。

(5) 掌握反汇编的概念及反汇编的作用。

(6) 预习本教材第1部分第1章的内容,熟悉汇编语言程序设计过程和步骤(编辑→编译→链接→调试→执行),学习利用汇编语言编写简单的源程序。

(7) 预习本教材第1部分第2章的内容,掌握TPC-USB集成开发环境下汇编语言的程序设计和调试方法(如单步执行、设置断点),以及寄存器、内存(包括数据段、代码段和堆栈段)和反汇编的查看方法。

(8) 根据编程设计实验的功能要求完成预习报告(包括程序流程图及汇编源程序)。

五、实验报告要求

(1) 总结在TPC-USB环境下汇编语言的程序设计步骤和调试方法。

(2) 完成"汇编语言程序设计过程和调试实验"的调试内容(1)~(4)。

(3) 完成"编程设计实验(一)和(二)",按照编程设计实验的任务要求画出程序流程图、写出调试正确的源程序代码,并记录选做实验中"实验操作及调试步骤"②中的调试内容。

(4) 总结TPC-USB集成开发环境下寄存器、内存、反汇编结果等的查看方法。

(5) 总结并理解指令执行速度最快的寻址方式。

※● 实验二 循环程序结构和过程调用程序设计

一、实验目的

(1) 掌握分支结构、简单循环结构程序和过程调用的设计及调试方法。

(2) 熟练掌握存储器分段和段超越的概念及实现方法。
(3) 掌握单字节和双字节在寄存器及存储器中的存放方式与表示方法。
(4) 掌握负数在内存中的表示方法。
(5) 掌握数组的编程处理方法以及"冒泡"法排序的编程方法。

实验一反馈及实验二
预习视频

二、实验内容

● 1. 编程设计实验(一)

现有两个数组 X 和 Y,其中 $X=32、-43、76、95、-1$,$Y=-78、127、-128、-125、88$。用汇编语言编程计算两个数组之和,结果送至另一数组 S 中,即 $S(i)=X(i)+Y(i)$,$i=0\sim4$。

实验操作及调试步骤如下:

(1) 在 TPC-USB 环境中根据编程设计任务完成汇编源程序的编辑、编译和链接操作,生成可执行文件。

(2) 结合程序调试过程自行设计调试方案,记录源程序在内存中的存放情况(包括占用数据段 DS 和代码段 CS 的位置及大小),以及数据段 DS 存储单元中数据的变化情况,并描述不同数制的机器数表示方法及负数在内存中的表示方法。

● 2. 编程设计实验(二)

现有数组 $X=32、-43、76、95、-1、-78、127、-128、-125、88$,编程实现该数组按递增顺序排序,并将排序后的数组复制到附加段(ES段)内。要求分别采用主模块和子程序调用(段内近程调用)两种程序结构编程实现。

实验操作及调试步骤如下:

(1) 在 TPC-USB 环境中根据编程设计任务完成汇编源程序的编辑、编译和链接操作,生成可执行文件。

(2) 结合程序调试过程自行设计调试方案。调试过程包括:每次子程序调用及返回的过程,数组中元素的比较、交换、跳转过程,内重循环运行过程,外重循环运行过程,并记录外重循环完成一轮后内重循环完成的次数及数据段的排序情况。

(3) 记录数据段 DS、附加段 ES 中的排序结果及存放情况(包括占用数据段 DS 和代码段 CS 的位置及大小),并说明所使用寄存器的功能、描述子程序传递参数的方法。

三、选做实验

★ 1. 编程设计实验(一)

采用段间调用程序结构完成上述数组的排序编程。

★ 2. 编程设计实验(二)

采用模块间调用程序结构完成上述数组的排序编程。

★ 3. 编程设计实验(三)

现有两个数组 X 和 Y,其中 $X=132、-143、-116、-195、-28$,$Y=200、157、-100、

—125、188。

编程实现两个数组之和放入数组 S,即 $S(i)=X(i)+Y(i)$,$i=0\sim4$,并将结果存放在附加段(ES 段)的 200H～209H 内。(提示:用双字节指令)

实验操作及调试步骤如下:

(1) 在 TPC-USB 环境中根据编程设计任务完成汇编源程序的编辑、编译和链接操作,生成可执行文件。

(2) 结合程序调试过程自行设计调试方案,记录源程序在内存中的存放情况(包括占用数据段 DS、附加段 ES 和代码段 CS 的位置及大小),以及数据段 DS 存储单元中数据的变化情况,并描述双字节数在内存中的存放规律。

▲ **4. 编程设计实验(四)**

数据段中 BUF 存有数据 2、—4、0、9、—1、—8、0、—12、125、88,用子程序调用的程序结构编程实现:数据段中正数、负数和 0 的个数统计,以及数据段中正数之和、负数之和的计算。

实验操作及调试步骤如下:

(1) 在 TPC-USB 环境中根据编程设计任务完成汇编源程序的编辑、编译和链接操作,生成可执行文件。

(2) 结合程序调试过程自行设计调试方案,并描述子程序传递参数的方法。

四、预习要求

(1) 复习逻辑地址和内存分段的概念以及数据段的定义方法。

(2) 预习分支结构和简单循环结构程序设计的基本形式及实现方法。

(3) 预习多重循环的初始控制条件及控制程序循环的过程。

(4) 预习间接标志条件转移指令带符号数和无符号数的区别及应用。

(5) 预习子程序调用的过程及编程实现和调试方法,了解子程序调用距离属性的格式,掌握子程序段内近程调用的程序结构。

(6) 根据实验内容写出完整的预习报告(画出程序流程图并编写出源程序代码)。

五、实验报告要求

(1) 根据实验内容画出正确的程序流程图,编写完整的源程序代码。

(2) 写出程序运行结果并记录"编程设计实验(二)"(2)和(3)中的调试内容。

(3) 总结"编程设计实验(二)"(2)中断点的设置位置和调试方法。

(4) 总结双重循环程序和子程序的结构特点及调试方法。

(5) 总结子程序传递参数的方法,以及寄存器、变量和堆栈传递方法的优缺点。

※★ 实验三 汇编语言综合编程设计

一、实验目的

(1) 熟练掌握主—子结构程序的编程方法。
(2) 熟练掌握用汇编语言解决分支算法问题。
(3) 掌握用汇编语言解决多位十进制加法问题。
(4) 掌握汇编语言程序设计的基本方法和技巧,提高综合编程能力。

二、实验内容

※★ 1. 编程设计实验(一)

现有两个多位十进制数:$X=1357902468$,$Y=5790123467$,用汇编语言编程,计算 X、Y 之和,结果送入 Z。(提示:用 BCD 码加法)

※★ 2. 编程设计实验(二)

现有 10 名学生的某科成绩为:76、69、84、90、73、88、86、63、100、80。用子程序调用方法编程实现:小于 60、60～69、70～79、80～89、90～99 和 100 分的人数统计,结果分别放在 N、N6、N7、N8、N9、N10 中。

※▲ 3. 编程设计实验(三)

编写一数字加密程序,将数字 0～9 十个数按下面的格式加密。
数字:0,1,2,3,4,5,6,7,8,9。
加密后对应的数字:7,4,3,1,8,5,2,6,9,0。
加密含义:输入数字"0"则将其变为"7",输入"1"则将其变为"4",以此类推。
编程实现:将数字 0～9 放入数据段 NUM 中,将加密后的结果放入附加段(ES 段)PASSWORD 中。

三、预习要求

(1) 复习 8086CPU 指令系统、分支和循环结构以及子程序调用的程序设计方法等相关内容。
(2) 复习无进位加法和带进位加法的实现方法。
(3) 掌握 BCD 码,复习 BCD 码加法以及十进制调整指令的作用。
(4) 根据实验内容写出完整的预习报告(画出程序流程图并编写源程序代码)。

四、实验报告要求

(1) 根据实验结果画出正确的流程图并编写完整的源程序代码。
(2) 写出程序运行结果。

● 实验四　接口设计预备实验

一、实验目的

(1) 掌握接口的定义、功能和作用。
(2) 掌握接口与端口的关系。
(3) 掌握接口设计常用器件的工作原理和使用方法。
(4) 掌握 TPC-UPC-ZK 实验系统的组成和使用方法。

实验四预习视频

二、实验原理

1. 总线与接口

1) 接口的作用和特点

接口电路的基本功能有三种：CPU 与外设间传递数据的中途缓冲站，正确寻址与 CPU 交换数据的外设，提供 CPU 与外设间交换数据所需的控制逻辑和状态信息。总之，就是完成数据、地址、控制三总线的转换和连接任务。因此，接口电路的基本特点就是作为 CPU 与外设之间的一个界面，使得双方有条不紊地协调动作，从而完成 CPU 与外设的信息交换。

CPU 通过总线完成与存储器、I/O 端口之间的信息传送操作。任意时刻只能有一个设备利用总线进行数据传送。I/O 设备的数据线应通过接口（三态门/锁存器）与系统相连，如图 5.2 所示。

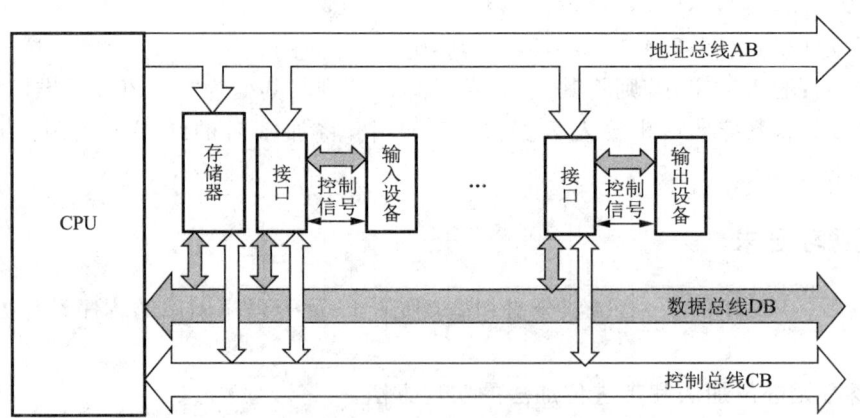

图 5.2　总线结构示意图

2) 基本结构

为了完成 CPU 与外设间的信息交换，通常需要在接口电路中传送三种信息：
(1) 数据信息。
数据信息是指 CPU 与外设之间要交换的数据本身，其形式有数字量、模拟量和开关量三种。

(2) 状态信息。

为实现 CPU 与外设配合工作,CPU 需要了解外设所处的状态(如外设是否忙,是否准备好等),这种用于表示外设工作状态的信号称为状态信息。

(3) 控制信息。

在 CPU 与外设的信息交换过程中,需要向外设发布控制命令。这些控制命令由 CPU 发给接口电路,经接口电路解释并做适当变换后,控制外设的动作。

2. I/O 端口与 I/O 指令

1) I/O 端口的编址方式

CPU 与指定外设间的信息交换是通过访问与该外设相应的端口来实现的。如何实现对这些端口的访问,取决于这些端口的编址方式。通常的编址方式有两种:存储器映像方式和隔离 I/O 方式,如图 5.3 和图 5.4 所示。

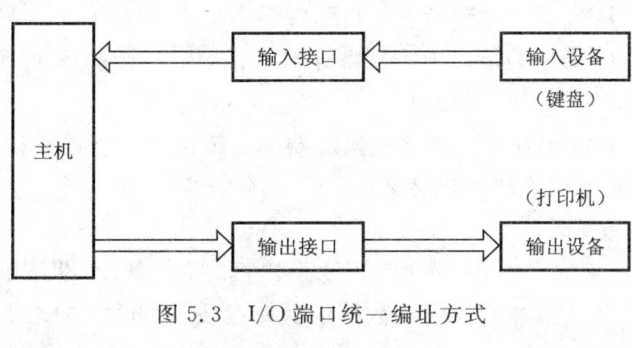

图 5.3 I/O 端口统一编址方式

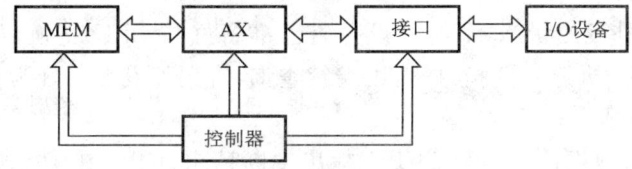

图 5.4 I/O 端口独立编址方式

(1) 存储器映像方式。

这种编址方式是将 I/O 端口和存储器单元同等看待,统一编址。也就是说,I/O 端口地址空间是存储器地址空间的一部分。存储器映像方式的主要优点是对 I/O 端口的操作与对存储器的操作完全相同,不必使用专门的 I/O 指令,并且外设数目或 I/O 寄存器数几乎不受限制(仅受总存储容量的限制)。但是,这些都是以牺牲内存空间为代价的,而且识别一个 I/O 端口必须全部译码,增加了地址译码电路的复杂性和寻址时间。

(2) 隔离 I/O 方式。

这种编址方式是将存储器地址空间和外设地址空间分开处理,分别独立编址。在这种编址方式中,处理器对 I/O 端口和存储单元的不同寻址是通过不同的读写控制信号 $\overline{IOR}$、$\overline{IOW}$ 和 MEMR、MEMW 实现的。采用这种编址方式,CPU 访问 I/O 端口必须采用专用的 I/O 指令。通常这种专用的 I/O 指令有两类,即输入指令 IN、输出指令 OUT 及其相关指令组。由于不占用存储器的地址空间,因而节省了内存空间,而且 I/O 地址少,译码简单且寻址速度快。但是,程序设计灵活性较差,而且需要控制信号线 M/$\overline{\text{IO}}$。

2) I/O 指令

8086CPU 采用隔离 I/O 编址方式(地址线与存储器共用,用 M/$\overline{\text{IO}}$ 来区分),因而使用专用的 I/O 指令,I/O 操作使用 20 根地址线中的 16 根即 A15~A0,可寻址 I/O 端口数为 65 536 个(64 K),地址范围为 0000H~0FFFH,并有直接寻址和间接寻址两种类型。

(1) 采用直接寻址,其指令格式为:

输入指令:IN AL,port 或 IN AX,port

输出指令:OUT DX,AL 或 OUT DX,AX

其中,port 为一字节立即数端口地址,因此 I/O 端口的寻址范围为 0000~00FFH,最多为 256 个。

(2) 采用间接寻址,其指令格式为:

输入指令:IN AL,DX 或 IN AX,DX

输出指令:OUT DX,AL 或 OUT DX,AX

这种间接寻址 I/O 指令的端口由 DX 寄存器给出,为 2 字节长,可寻址 2^{16} = 64 K 个端口地址。

通过寻址指令可以看出,CPU 是通过累加器 AX 经接口与外设交换信息的(图 5.4)。

3) CPU 与外设之间的数据传送方式

(1) 无条件传送方式。

CPU 认为外设总是准备好的,只要 CPU 发出读、写命令,外设总是能响应的。这种传送方式主要用于某些可以随时输入输出数据的低速设备(如开关、LED 灯和数码管等)。

(2) 查询传送方式。

CPU 不断询问外设的状态,了解外设是否已准备好与 CPU 交换数据。当外设已准备好接受或发送数据时,执行 I/O 指令,否则继续查询,直到外设准备好为止。

(3) 中断传送方式。

外设准备好进行数据传输时,向 CPU 提出中断请求;CPU 在满足响应中断的条件下,发出中断响应信号,然后执行中断服务程序,完成数据传送。这种方式可使 CPU 与外设并行工作,从而大大提高了 CPU 的工作效率。

(4) 直接存储器存取方式(DMA 方式)。

中断传送方式不能从根本上提高 CPU 的效率,因为每传送一次数据,CPU 就要执行诸如保护断点和恢复现场的附加工作。因此,在内存与外设传送数据时,常采用 DMA 方式。在这种传送方式中,整个传送过程均由专用接口芯片 DMA 控制器来管理。

三、实验内容

注意: 所有集成电路芯片的电源和地线均已连接好,短接用的跳线帽应完好。

1. 常用信号引脚及功能

(1) 数据信号:D0~D7。

(2) 地址信号:A0~A15。

(3) 控制信号:$\overline{\text{IOR}}$(RD)、$\overline{\text{IOW}}$(WR)、$\overline{\text{IRQ10}}$、CLK、ALE、AEN。

(4) I/O 端口地址信号：$\overline{Y0} \sim \overline{Y7}$。其地址分别为 $\overline{Y0}$(280H～287H)、$\overline{Y1}$(288H～28FH)、$\overline{Y2}$(290H～297H)、$\overline{Y3}$(298H～29FH)、$\overline{Y4}$(2A0H～2A7H)、$\overline{Y5}$(2A8H～2AFH)、$\overline{Y6}$(2B0H～2B7H)、$\overline{Y7}$(2B8H～2BFH)。

注意：8 根输出线在 TPC-UPC-ZK 实验箱"I/O 地址模块"处分别由自锁紧插孔 $\overline{Y0} \sim \overline{Y7}$ 引出。

(5) 输入信号：单脉冲信号（上升沿和下降沿），电平开关（高电平和低电平）。

(6) 复位信号：RESET。

(7) 电源部分：+5 V，地线(GND)。

2. 发光二极管(LED)实验(图 5.5)

(1) LED 为共阴极连接。

(2) 输入端接电平开关。

(3) 扳动电平开关，分别输入高电平和低电平，观察实验现象。

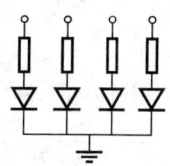

图 5.5 发光二极管

3. 七段数码管实验(图 5.6)

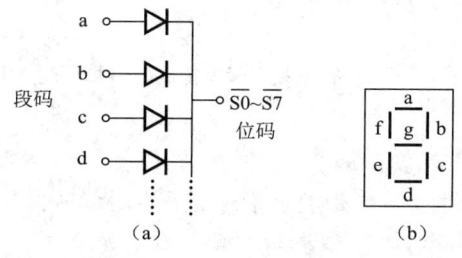

图 5.6 七段数码管实验

(1) 将数码管的位码端口($\overline{S0} \sim \overline{S7}$)接电平开关并且扳到高电平（注意：不要接+5 V，以免由于未加限流电阻烧坏数码管），输入端 A～G 分别接电平开关，扳动连接输入端 A～G 的电平开关，观察数码管显示结果。

(2) 将数码管的位码端口($\overline{S0} \sim \overline{S7}$)接电平开关并且扳到低电平（或直接接到地线 GND），输入端 A～G 分别接电平开关，扳动连接输入端 A～G 的电平开关，观察数码管显示结果。

(3) 分析实验现象。

4. 反向器(74LS04)实验(图 5.7)

(1) 输入引脚 1 接电平开关，输出引脚 2 接 LED 灯。

(2) 扳动电平开关，分别输入高电平和低电平，观察 LED 灯的变化。

5. 或门(74LS32)实验(图 5.8)

(1) 输入引脚 1、2 接电平开关，输出引脚 3 接 LED 灯。

(2) 扳动电平开关，改变输入引脚 1、2 的电平状态，观察 LED 灯的变化。

注意：正负逻辑的关系。

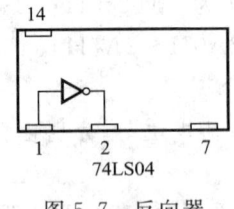

图 5.7 反向器　　　　　图 5.8 或门

6. 锁存器(74LS75)实验(图 5.9)

(1) 引脚 2(端口 D)为数据输入端,引脚 16(端口 Q)为数据输出端,引脚 13(端口 G)为锁存控制端。

(2) 控制引脚 13 接单脉冲(下降沿　　)控制信号并接一个 LED 灯(方便观察),输入引脚 2 接电平开关,输出引脚 16 接一个 LED 灯。

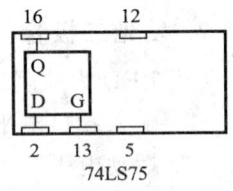

图 5.9 锁存器

(3) 变化输入引脚 2 的电平状态,观察输出引脚 16 所接 LED 灯的变化。

(4) 按住引脚 13 的单脉冲开关并保持,变化输入引脚 2 的电平状态,观察输出引脚 16 所接 LED 灯的变化。

(5) 验证芯片功能并建立真值表。

(6) 总结锁存信号的特性,验证是上升沿还是下降沿有效。

注意:该锁存器锁存数据的组数和控制信号引脚的特点。

7. 八 D 触发器(74LS273)实验(图 5.10)

(1) 引脚 1 清零端接电平开关(低电平清零)。

(2) 输出引脚 2 接 LED 灯,输入引脚 3 接电平开关。

(3) 控制信号引脚 11(触发端)接单脉冲开关(上升沿　　)并接一个 LED 灯(方便观察)。

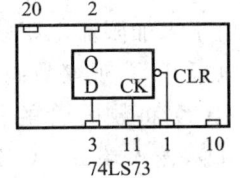

图 5.10 八 D 触发器

(4) 变化输入引脚 3 的电平状态,观察输出引脚 2 所接 LED 灯的变化。

(5) 按动控制信号引脚 11 所接的单脉冲开关后,变化输入引脚 3 的电平状态,观察引脚 2 所接 LED 灯的变化。

(6) 验证芯片功能并建立真值表。

(7) 总结触发信号的特性,验证是上升沿还是下降沿有效。

8. 缓冲器(74LS244)实验(图 5.11)

(1) 引脚 2 为数据输入端,引脚 18 为数据输出端,引脚 1 为控制端。

(2) 引脚 1、2 接电平开关,引脚 1、18 接 LED 灯。

(3) 控制引脚 1 保持低电平,变化输入引脚 2 的电平状态,观察 LED 灯的变化。

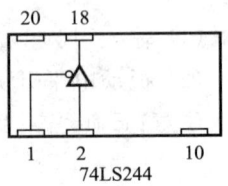

图 5.11 缓冲器

(4) 控制引脚 1 保持高电平,变化输入引脚 2 的电平状态,观察 LED 灯的变化。
(5) 验证芯片功能并建立真值表。
(6) 总结电平控制信号的特性。

四、选做实验

★(1) 利用 TPC-UPC-ZK 实验箱上的两个七段数码管,体会七段数码管段码和位码的控制关系。手动操作第一个七段数码管显示"1",然后使第二个七段数码管显示"2"。

▲(2) 利用 74LS273 芯片和七段数码管显示锁存的信息,锁存信号由单脉冲信号输出。当连接七段数码管的电平开关状态为 4F 时,在锁存信号的作用下七段数码管应显示"3"。

▲(3) 能否用 74LS244 芯片来完成选做实验(2)?通过实验验证并说明原因。

五、预习要求

(1) 预习第 3 章内容,熟悉 TPC-UPC-ZK 实验系统的组成和各部分的功能。
(2) 预习 74LS75 芯片与 74LS273 芯片的不同之处。了解这两个芯片通常用于什么性质的接口电路。
(3) 预习 74LS244 芯片的特性。了解这个芯片通常用于什么性质的接口电路。

六、实验报告要求

(1) 根据实验现象描述各个常用器件的特点和功能。
(2) 叙述锁存器和缓冲器的区别。
(3) 叙述脉冲控制信号和电平控制信号的区别。

※● 实验五 简单的输出接口实验

一、实验目的

(1) 学会使用 LED 显示计算机的内部信息。
(2) 掌握最小模式下写总线周期时序图,以及输出接口电路的设计方法。
(3) 掌握利用锁存器 74LS75、74LS273 锁存数据的过程和方法。
(4) 掌握输出接口软硬件的调试方法。
(5) 掌握软件延时的原理和延时子程序的编程方法。

实验五预习视频

二、实验原理

1. CPU 与 I/O 设备之间的接口信号

CPU 与 I/O 设备之间要传送的信息通常包括数据信息、状态信息和控制信息。

（1）数据信息。CPU 的输入、输出为 8 位或 16 位的数字量。这些数据可以是输入设备的数据或状态信息，也可以是向输出设备输出的数据或控制信号。

（2）端口地址。在 IBM-PC XT 和 IBM-PC AT 系统中，I/O 操作只使用了地址线 A0～A16，而且端口地址的译码采用部分地址译码方式，仅用 A0～A9 可寻址 1 024 个 I/O 端口。地址域 000H～1FFH 的 512 个端口地址用于系统的 I/O 接口，地址域 200H～3FFH 的 512 个端口地址是扩展槽的寻址范围。

注意：TPC-UPC-ZK 实验系统端口地址（$\overline{280H}$～$\overline{2BFH}$）供实验时选用，均为低电平有效。

2. 发光二极管（LED）

发光二极管是一个简单的显示器，也是计算机的一种最简单的输出设备，用来显示计算机内部的某些信息。TPC-UPC-ZK 实验箱上的 12 个 LED 灯采用共阴极接法，如图 5.12 所示。

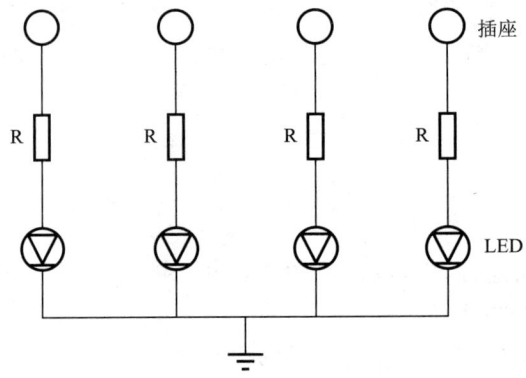

图 5.12　LED 灯共阴极接法

3. D 锁存器和 D 触发器

在进行简单 I/O 接口电路设计时，一般应遵循"输入缓冲，输出锁存"与总线相连的设计原则。CPU 数据的输出一般用锁存器锁存。

1）四 D 锁存器 74LS75

四 D 锁存器 74LS75 有数据输入端 D、数据输出端 Q 和允许端 G。当允许端 G 为高电平时，Q 端状态随 D 端变化；当 G 端由高电平转向低电平（即下降沿）时，数据将被锁存，以后即使 D 端状态改变，Q 端状态也不再变化。四 D 锁存器 74LS75 符号图如图 5.13 所示，功能见表 5.1。

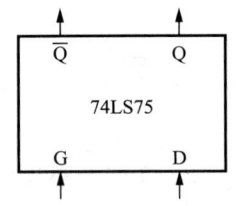

图 5.13　四 D 锁存器 74LS75 符号图

表 5.1　四 D 锁存器 74LS75 功能表

D	G	Q	$\overline{Q}$
H	↓	H	L
L	↓	L	H

2) 八 D 锁存器 74LS273

八 D 锁存器 74LS273 有数据输入端 D、数据输出端 Q 和触发端 CK。待数据输入端 D 稳定后,触发脉冲信号 CK 的上升沿使数据锁存,而 CK 在稳态(高电平或低电平)时,即使 D 端状态改变 Q 端也不改变。八 D 锁存器 74LS273 符号图如图 5.14 所示,功能见表 5.2。

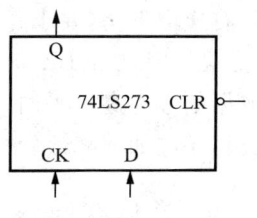

图 5.14 八 D 锁存器 74LS273 符号图

注意:四 D 锁存器 74LS75、八 D 锁存器 74LS273 结构参考"附录 5 常用 54/74 系列集成电路芯片中"的附图 5.6 和附图 5.8 所示。

表 5.2 74LS273 功能表

CLR	CK	D	Q
H	↑	H	H
H	↑	L	L
L	×	×	L

三、实验内容

※●(1) 利用四 D 锁存器 74LS75 设计一个接口电路并编程实现:使 2 个 LED 灯同时亮、同时灭,中间间隔 1 s,共循环 3 次。要求总线数据信号为高电平时,LED 灯亮。

注意:编程实现中间间隔 1 s 时根据计算机主频调整延时常数。

延时子程序参考如下:

```
DELAY   PROC NEAR
        PUSH CX
        MOV BX,××××      ;寄存器 BX 存放外重循环次数
FOR1:   MOV CX,××××      ;寄存器 CX 存放内重循环次数
NEXT:   LOOP NEXT
        DEC  BX
        JNZ  FOR1
        POP  CX
        RET
DELAY   ENDP
```

提示:在编写延时子程序前应先了解所使用计算机的主频,以便计算出正确的循环次数(即延时参数)。具体思路如下:若执行 LOOP 指令一般需要 10 个左右的时钟周期,即指令 LOOP 的指令周期为 10 个时钟周期,当前集成开发环境下所运行程序的计算机 CPU 主频(即时钟频率)为 3 GHz,则可以计算出执行"LOOP NEXT"指令所需的时间,从而得到 1 s 执行"LOOP NEXT"指令的循环次数。

注意:16 位寄存器存放数据的最大值为 0FFFFH(即 65535D)。

※●(2) 利用八 D 锁存器 74LS273 设计一个接口电路并编程实现:使 8 个 LED 灯由

左到右递增点亮,要求每次点亮 2 个 LED 灯(即点亮 LED1 和 LED2,点亮 LED3 和 LED4,…,点亮 LED7 和 LED8),中间间隔 1 s,再由右到左逐个熄灭 LED 灯,共循环 3 次。要求总线数据信号为高电平时,LED 灯点亮。如果用锁存器 74LS75 实现相同的功能,则接口电路及源程序应如何修改?

四、选做实验

※★(1)设计接口电路并编程实现以下内容:

使 4 个 LED 灯逐个点亮,中间间隔 1 s,然后逐个熄灭,中间间隔 1 s,共循环 3 次,要求总线数据信号为低电平时,LED 灯点亮。

※▲(2)设计接口电路并编程实现以下内容:

模拟十字路口交通信号灯的工作情况。首先,南北红灯、东西绿灯亮,绿灯连续亮 3 s 后熄灭;然后,东西黄灯亮,南北红灯和东西黄灯亮、灭 2 次,每次间隔时间为 1 s;之后,南北绿灯、东西红灯亮,绿灯连续亮 3 s 后熄灭;最后,南北黄灯、东西红灯和南北黄灯亮、灭 2 次,每次间隔时间为 1 s;整个过程循环 2 次。

提示:TPC-UPC-ZK 实验箱上的 12 个 LED 灯可分成东西南北 4 组,每组用红黄绿 3 个 LED 灯模拟交通信号灯,可采用查表的方法实现 LED 灯状态变化。

五、预习要求

(1)复习 8086CPU 系统 I/O 接口的定义、功能和作用,清楚接口和端口的关系。

(2)复习最小模式下写总线周期时序图,掌握结合时序图进行输出接口设计的方法。

(3)熟悉锁存器 74LS75、74LS273 锁存数据的原理和过程,以及它们在设计输出接口中的作用和方法。

(4)掌握软件延时的原理和方法,编写延时 0.5 s 和 1 s 的软件延时子程序。

(5)预习第 4 章 4.2.3 部分的内容,熟悉输出接口硬件电路的调试方法。

(6)根据题意进行硬件输出接口设计并画出电路框图(要求标出引入芯片的数据线和控制信号线的管脚号,以及芯片输出信号线的管脚号),并结合第 4 章 4.2.3 部分的内容制订所设计输出接口的硬件电路调试方案。

六、实验报告要求

(1)画出所设计的输出接口电路框图(要求标出引入芯片的数据线和控制信号线的管脚号,以及芯片输出信号线的管脚号),总结所设计输出接口的硬件电路测试方案。

(2)写出经过软硬件调试通过的源程序并对程序中的关键语句加以必要的注释。

(3)总结实验现象,简单叙述输出接口电路设计的原则和调试方法。

(4)画出最小模式下写总线周期时序图,并结合时序图分析输出接口设计的方法。

(5)思考问题:当接口负载比较大时,应采取怎样的措施?

※● 实验六　简单的输入接口实验

一、实验目的

（1）理解如何将外部数据读入计算机。
（2）掌握最小模式下读总线周期时序图,以及输入接口电路的设计方法。
（3）掌握利用74LS244缓冲器将外部数据读入计算机的过程和方法。
（4）掌握输入接口软硬件的调试方法。
（5）掌握软件延时消抖的编程方法。

实验六预习视频

二、实验原理

计算机在工作时需要和外部设备进行通信（如读入一串数字量或开关量）,为了完成这个任务,必须采用输入接口电路。

开关是计算机最常用的简单输入设备,如自动化系统中的一些受控设备就是通过限位开关、压力开关等与CPU联系的。在设计一个开关或多个开关接口时,对输入接口的要求有:对访问的开关编址,检测开关状态,消除开关抖动,对输入的状态进行处理。具体操作说明如下:在读开关状态时,CPU使用输入指令,要求对开关的选择必须是唯一的,因此,应首先对开关进行编址,然后使用输入指令读入开关状态,再对状态进行判断。所有的机械开关在扳动时都会产生接点跳动。如图5.15(a)所示的简单的开关接线,当改变开关位置时,D端可得到一个有效的开关信号,即由+5 V跳到0 V或从0 V跳到+5 V。实际情况并不像理想波形（图5.15b）那样,实际波形如图5.15(c)所示。开关的机械跳动会产生许多"毛刺",其时间虽然很短（几十毫秒到几百毫秒）,但计算机CPU执行一条输入指令的时间更短,所以可能将"毛刺"作为信息读入,而这是人们所不希望的,必须设法消除这个抖动（毛刺）。消除抖动的方法有两种,一种是通过硬件消除,另一种是采用软件延时消除。

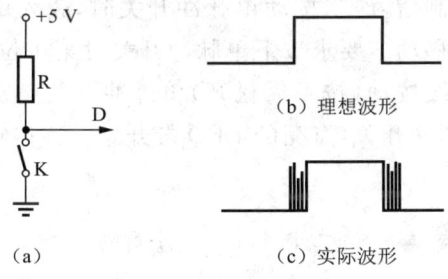

图5.15　开关通、断时的状况

1. 采用软件延时消除抖动

采用软件延时消除抖动的程序框图如图5.16所示。

2. 采用硬件消除抖动

硬件消除抖动的电路原理图如图 5.17 所示,它是通过与非门 74LS00 芯片的门电路来实现的。当扳动开关 S 时,触点跳动产生的抖动(毛刺)通过消抖电路来消除,输出端可产生一个理想的波形。

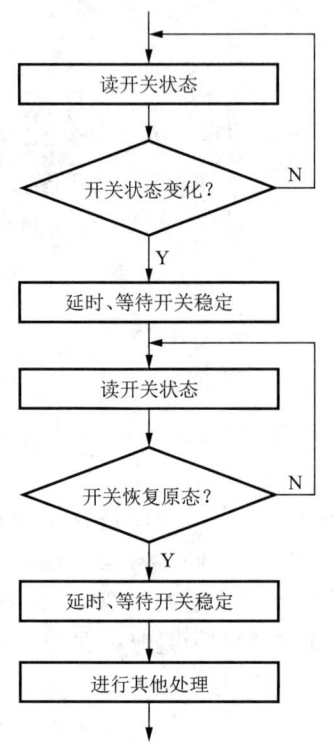

图 5.16 软件延时消除抖动的程序框图

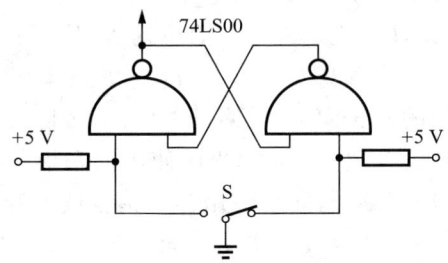

图 5.17 硬件消除抖动电路原理图

三、实验内容

※●(1) 设计一个接口电路并编程实现以下内容:

利用单脉冲信号作为控制信号,当按动单脉冲开关时,读入单脉冲信号(上升沿或下降沿)控制点亮的 LED 灯左右移动。要求按下单脉冲开关时第 1 位 LED 灯点亮,松开后点亮的 LED 灯移动到第 2 位,继续按动(按下后松开)单脉冲开关 1 次实现点亮的 LED 灯右移到第 4 位;此后继续按动单脉冲开关,点亮的 LED 灯开始左移;当点亮的 LED 灯左移到第 1 位后熄灭,程序结束。

注意:选用脉冲信号(⇅)作为控制信号;单脉冲信号上升沿(⎍)是由低电平→高电平切换的,其初态为低电平;单脉冲信号下降沿(⎑)是由高电平→低电平切换的,其初态为高电平。

※●(2) 设计一个接口电路并编程实现以下内容:

扳动电平开关一个来回作为控制信号,控制 3 个 LED 灯点亮或熄灭。要求用两个电平开关 SW1 和 SW2 分别控制 LED 灯点亮和熄灭。每扳动 SW1 电平开关一个来回，则由左到右顺序增加一个点亮的 LED 灯。3 个 LED 灯全部点亮后回到第 1 位点亮。每扳动 SW2 电平开关一个来回，LED 由右到左顺序熄灭一个 LED 灯，3 个 LED 灯全部熄灭后程序结束。

注意：这里采用初态为低电平的电平开关信号（ ↑　↓ ）作为控制信号，扳动一个来回表示由低电平→高电平→低电平切换。

※●（3）利用软件消除抖动方法完成实验(2)。

提示：软件延时消除抖动的时间一般为 5～20 ms。

四、选做实验

※★（1）采用硬件消除抖动的方法，利用电平开关的高、低电平信号作为点亮的 LED 灯左右移动的控制信号，完成实验内容(1)。

※★（2）设计一个接口电路，将四位开关状态以二进制形式显示在 LED 灯列上（例如：若开关的电平状态为高、低、低、高，则二进制形式为 1001，显示在 LED 灯列上为亮、灭、灭、亮）。

※▲（3）设计一个 8 人抢答器接口电路，将抢答成功的开关序号显示在 LED 灯列相应位置上，LED 灯列序号由左到右分别为 1,2,…,8。

五、预习要求

(1) 复习最小模式下读总线周期时序图，掌握结合时序图进行输入接口设计的方法。
(2) 复习 I/O 接口的定义、功能和作用，分清输入接口和输出接口的区别。
(3) 掌握用软件和硬件消抖的作用及方法并编写程序。
(4) 熟悉 74LS244 芯片的工作原理及使用方法。
(5) 预习第 4 章 4.2.4 部分的内容，熟悉输入接口硬件电路的调试方法。
(6) 根据题意进行硬件输入接口设计并画出电路框图（要求标出引入芯片的数据线和控制信号线的管脚号，以及芯片输出信号线的管脚号），并结合第 4 章 4.2.4 部分的内容制订所设计输入接口的硬件调试方案。
(7) 思考：若 8 位数据线只有其中几位作为读入数据线用，则其他空闲数据线在读入数据时应如何处理？采用什么方法？有几种方法？

六、实验报告要求

(1) 画出硬件输入接口设计电路框图（要求标出引入芯片的数据线和控制信号线的管脚号，以及芯片输出信号线的管脚号），并总结所设计输入接口的硬件测试方案。
(2) 写出软硬件调试通过的源程序，对关键的语句加以必要注释。
(3) 总结实验现象，简单叙述输入接口电路设计的原则和调试方法。
(4) 画出最小模式下读总线周期时序图，结合时序图分析输入接口设计的方法。
(5) 观察并思考不同延时时间对消抖的影响。
(6) 分析比较实验五和实验六，说明输入接口和输出接口的区别。

※● 实验七 可编程并行接口实验

一、实验目的

(1) 理解可编程并行接口 8255A 芯片的结构和功能。
(2) 掌握 8255A 芯片与 CPU 信号的连接方法。
(3) 掌握 8255A 芯片初始化方法以及利用并行接口设计简单应用系统的方法。
(4) 掌握七段数码管的静态和动态显示原理及实现方法。
(5) 掌握利用七段数码管显示计算机内部信息的方法。

实验七预习视频讲解

二、实验原理

1. 可编程并行接口 8255A 芯片

1)8255A 芯片的结构

可编程并行接口 8255A 芯片内部结构框图如图 5.18 所示,引脚排列如图 5.19 所示。

8255A 芯片中有三个输入输出端口 A、B、C,此外内部还有一个控制字寄存器,即共有四个端口,应由两个输入端 A1 和 A0 编码端口地址加以选择。A1、A0、$\overline{RD}$、$\overline{WR}$ 及 $\overline{CS}$ 组合所实现的各种功能见表 5.3。

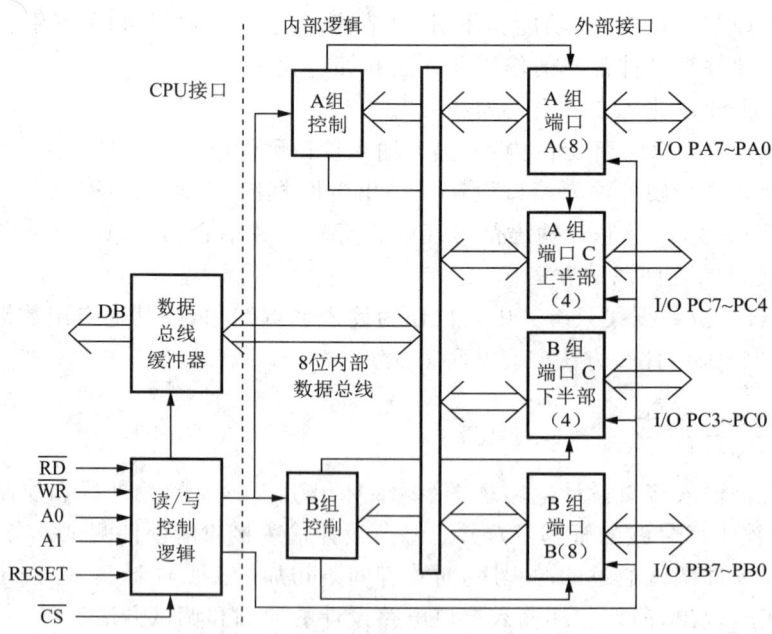

图 5.18 8255A 芯片内部结构框图

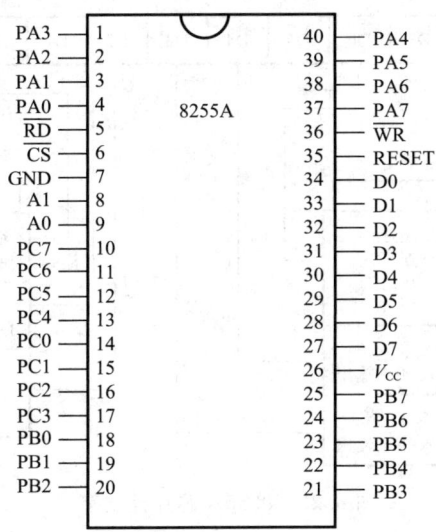

图 5.19 8255A 芯片引脚图

表 5.3 8255A 芯片基本操作和端口选择

A1	A0	$\overline{RD}$	$\overline{WR}$	$\overline{CS}$	功能
					输入操作（读）
0	0	0	1	0	端口 A→数据总线
0	1	0	1	0	端口 B→数据总线
1	0	0	1	0	端口 C→数据总线
					输出操作（写）
0	0	1	0	0	数据总线→端口 A
0	1	1	0	0	数据总线→端口 B
1	0	1	0	0	数据总线→端口 C
1	1	1	0	0	数据总线→控制字寄存器
					断开功能
×	×	×	×	1	数据总线→三态
1	1	0	1	0	非法状态
×	×	1	1	0	数据总线→三态

2）方式选择控制字

8255A 芯片共有三种工作方式，可通过 CPU 用 I/O 指令输出一个控制字到 8255A 芯片的控制字寄存器来选择。控制字各位的定义如图 5.20 所示。

3）8255A 芯片方式 0 的基本功能

方式 0 是一种基本的输入或输出方式，为单向的 8 位端口。在这种工作方式下，三个端口的每一个都可以由程序选定作为输入或输出端口。端口 C 可分为两个 4 位端口单独使用。但方式 0 没有规定固定的用于应答式的联络信号，且其输出是锁存的，而输入是不锁存的。

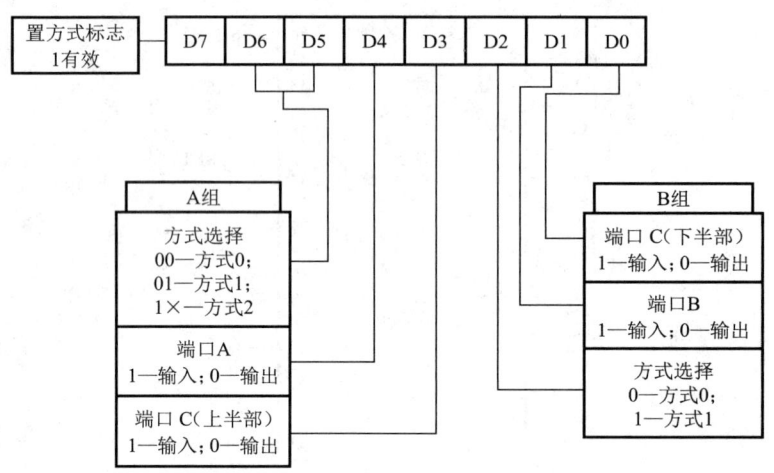

图 5.20　8255A 芯片控制字

4) 8255A 芯片方式 1 的基本功能

方式 1 是一种选通的 I/O 方式，端口 A 和端口 B 仍作为数据的输入/输出端口，但同时规定了端口 C 的某些位作为控制或状态信息，其他非控制或状态位仍可以工作于方式 0。

当 8255A 芯片工作于方式 1 时，输入和输出组态分别如图 5.21 和图 5.22 所示。

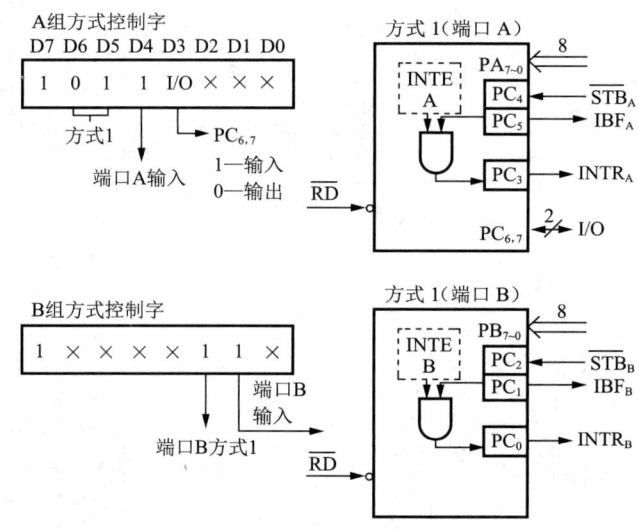

图 5.21　方式 1 的输入组态

5) 8255A 芯片方式 2 的基本功能

这种工作方式使外设可在单一的 8 位总线上既发送数据，又接收数据（双向总线 I/O），工作时既可使用程序查询方式，也可工作于中断方式。方式 2 只用于端口 A，5 位控制端口（端口 C）用于控制端口 A 和显示状态信息。方式 2 的组态如图 5.23 所示。

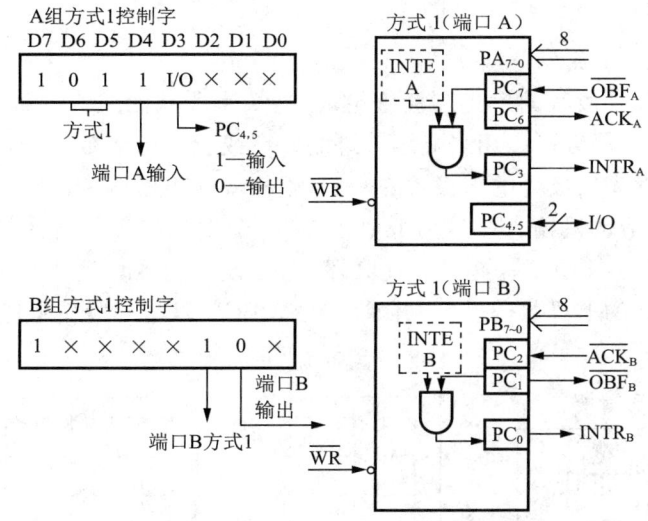

图 5.22 方式 1 的输出组态

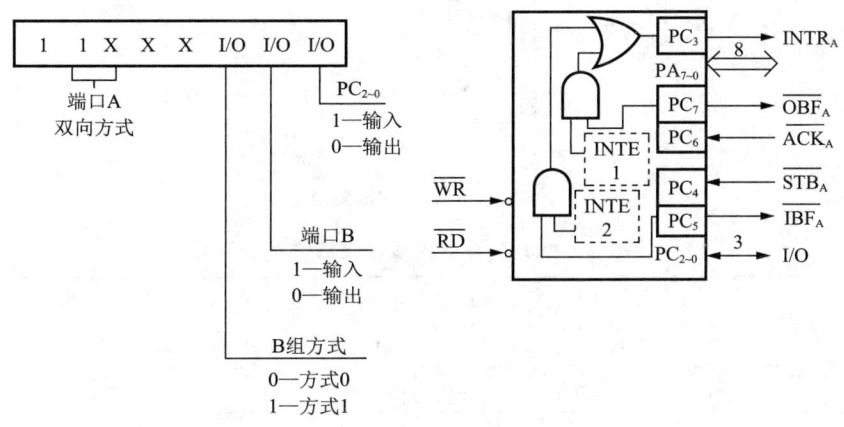

图 5.23 方式 2 的组态

6) 8255A 芯片接口设计及编程

实验中，若 8255A 芯片的 $\overline{CS}$ 信号可接到 $\overline{Y0}$ 端口地址，CPU 的 A1、A0 信号线分别与 8255A 芯片的 A1 和 A0 端口相接，则端口 A、B、C 和控制口的地址为 280H、281H、282H。

如果端口 A、B 均工作在方式 0，端口 A 为输出，端口 B 为输入，则控制字为 10000011B ＝83H，参考程序为：

```
           ……              ;执行其他操作
                           ;8255A 芯片初始化操作
START：   MOV AL,83H        ;设置方式控制字:端口 A 和 B 均工作在方式 0,
                           ;                端口 A 为输出,端口 B 为输入。
          MOV DX,283H       ;设置控制端口地址283H
          OUT DX,AL         ;输出控制字
           ……              ;执行其他操作
```

2. 七段数码管

1) 七段数码管显示原理

七段数码管由 7 个段状的发光二极管组成,这 7 个段状的发光二极管的排列情况如图 5.24(a)所示。七段数码管可以用来显示十进制数字或十六进制数字,也可以用来显示部分英文字母。将 7 个发光二极管的阳极接在一起,就构成共阳极接法,如图 5.24(b)所示,这时要使某段亮,可使相应的段输入信号为低电平;将 7 个发光二极管的阴极接在一起,就构成共阴极接法,如图 5.24(c)所示,这时要使某段亮,可使相应的段输入信号为高电平。TPC-UPC-ZK 实验箱安装的七段数码管为共阴极接法。BCD 码与七段显示代码之间的对应关系见表 5.4。

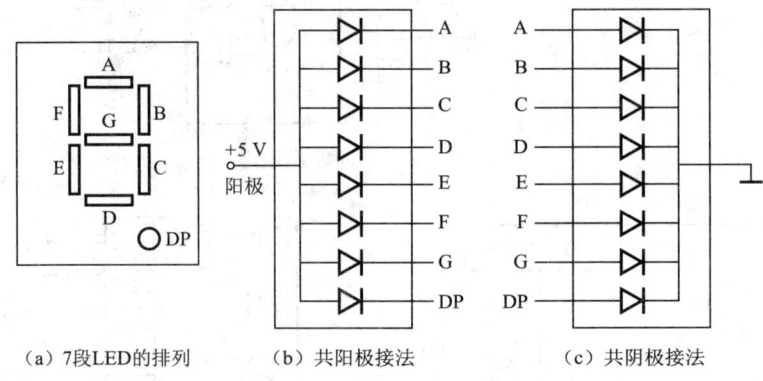

(a) 7 段 LED 的排列　　(b) 共阳极接法　　(c) 共阴极接法

图 5.24　七段 LED 排列和接法

表 5.4　**BCD 码与七段显示代码的对应关系**

BCD 码	字型	需发光的段(+)							用 16 进制表示的 7 段代码	
		DP	G	F	E	D	C	B	A	共阳极接法	共阴极接法
0000	0			+	+	+	+	+	+	C0H	3FH
0001	1						+	+		F9H	06H
0010	2		+		+	+		+	+	A4H	5BH
0011	3		+			+	+	+	+	B0H	4FH
0100	4		+	+			+	+		99H	66H
0101	5		+	+		+	+		+	92H	6DH
0110	6		+	+	+	+	+		+	82H	7DH
0111	7						+	+	+	F8H	07H
1000	8		+	+	+	+	+	+	+	80H	7FH
1001	9		+	+		+	+	+	+	90H	6FH
1010	A		+	+	+		+	+	+	88H	77H
1011	B		+	+	+	+	+	+		83H	7CH
1100	C			+	+	+			+	C6H	39H
1101	D		+		+	+	+	+		A1H	5EH

续表

BCD码	字型	需发光的段（+）							用16进制表示的7段代码	
		DP	G	F	E	D	C	B	A	共阳极接法	共阴极接法
1110	E		+	+	+	+			+	86H	79H
1111	F		+	+	+				+	8EH	71H
—	H		+	+	+		+	+		89H	76H
—	P		+	+				+	+	8CH	73H

2）段码与位码

TPC-UPC-ZK 实验箱上共有 8 个共阴极数码管，引脚分别是 A、B、C、D、E、F、G、DP，称为段码。8 个数码管的段码是并联的，每个段码都通过 74LS244 驱动器加以驱动。通常数据总线的 D0 引脚接 A，D1 引脚接 B……D6 引脚接 G，D7 引脚不用。

每个数码管都有一个控制端，称为位码。8 个位码是独立的，分别是 $\overline{S0}$、$\overline{S1}$、$\overline{S2}$、$\overline{S3}$、$\overline{S4}$、$\overline{S5}$、$\overline{S6}$、$\overline{S7}$。由于数码管是共阴极接法，所以位码控制端为低电平时数码管显示，高电平时数码管关闭显示。

3）静态显示与动态显示

编写显示程序的要点一是解决自动译码问题。解决方法是将七段显示器的字型代码做成一个表格放入内存中，将表的首地址加上要显示的数字量得到一个新的偏移地址，在这个地址单元中就放着相应的段码。

编写显示程序的要点二是解决静态显示和动态显示问题。TPC-UPC-ZK 实验箱有 8 个数码管，静态显示时，只要将段码经锁存器输出到数码管的 A～G，使 $\overline{S0}$～$\overline{S7}$ 任一为低电平就可使相应的数码管显示字符。如果要在两个数码管上同时显示不同的字符，就必须采用动态显示的方法。

动态显示的主要思想：8 个数码管的段码是并联在一起的，一次只能显示同一种字符，要使多个数码管显示不同的字符，可以先使第 1 个数码管显示第一种字符，位码控制端 $\overline{S0}$ 保持几个毫秒，然后使第 2 个数码管显示第 2 种字符，第 2 个位码控制端 $\overline{S1}$ 保持几个毫秒，然后再指向下一个数码管……这样循环显示。由于人眼的视觉存在惯性作用，感觉好像多个数码管"同时"显示不同的字符。

4）关闭显示消除干扰

由于数码管点亮后再熄灭存有余晖，会造成数码管显示上的模糊及混乱，所以在显示每个字符之前都必须将数码管上的所有余晖清除。消除余晖可以通过关闭显示来实现，即如果数码管为共阴极接法，则使对应的位码为低电平。若位码控制地址为 280H，则关闭数码管的语句为：

```
MOV  DX,280H      ;置位控地址:280H
MOV  AL,00H       ;使位码均为低电平
OUT  DX,AL        ;输出位码信号
```

三、实验内容

注意：① TPC-UPC-ZK 实验系统实验箱上 8255A 芯片的电源和数据线均已连接好，实

验时连接好读写控制模块信号即可工作。读写控制模块信号包括$\overline{CS}$、$\overline{RD}$、$\overline{WR}$、RESET、A1、A0。片选信号$\overline{CS}$接$\overline{Y0}$,复位信号 RESET 接低电平,高电平起复位作用。

② 每次运行程序前必须按动一次复位信号 RESET,否则会出现实验现象异常。

※●(1) 利用 8255A 芯片设计接口电路并编程实现以下内容:

① A 口输出数据,驱动 4 个共阴极 LED 灯,使其顺序循环显示 0～F 的二进制状态,每个状态保持 1 s;B 口输入一个初态为低电平的电平开关信号,当检测开关的输入状态为高电平时,使 LED 灯全部熄灭,扳动电平开关到低电平,程序结束。

② 只用 C 口是否可以实现相同的功能?接口电路及源程序应如何修改?

③ 如果 LED 灯是共阳极连接,则接口电路及源程序应如何修改?

※●(2) 设计接口电路并编程实现以下内容:

① 两个七段共阴极数码管分别显示"HP",字符保持 3 s 后两个数码管同时熄灭。

② 程序中减小和加大动态显示延时常数,观察并描述对七段数码管显示的影响。

③ 如果用 74LS75 和 74LS273 实现相同的功能,则接口电路及源程序应如何修改?

④ 如果七段数码管是共阳极连接,则接口电路及源程序应如何修改?

四、选做实验

※★(1) 设计接口电路并编程实现以下内容:

应用 8255A 芯片方式 0 检测一个开关的输入状态。若输入数据为低电平,则使 4 个红色 LED 灯循环点亮 3 次后全部熄灭;若输入数据为高电平,则使 4 个绿色 LED 灯同时亮灭 3 次后全部熄灭。

※★(2) 设计接口电路并编程实现以下内容:

应用 8255A 芯片方式 1 将 4 位开关量设置的二进制数由端口 B 选通输入 CPU,3 s 后由端口 A 的低 4 位输出到 LED 显示。要求通过对端口 C 状态字 IBF_B 和 $\overline{OBF_A}$ 的测试来控制程序运行,$\overline{STB_B}$ 和 $\overline{ACK_A}$ 由单脉冲信号产生。

※▲(3) 利用 8255A 芯片设计接口电路并编程实现以下内容:

当来回扳动开关一次后在数码管上显示"1",再次来回扳动开关一次后在数码管上显示"2"……显示到"8"后程序结束,数码管屏幕关闭。

※▲(4) 设计接口电路并编程实现以下内容:

两个七段数码管分别显示 01、23、45、67、89,每两个字符保持 2 s。调整程序中动态显示延时常数,观察对七段数码管显示的影响。

※▲(5) 设计接口电路并编程实现以下内容:

设置两组 4 位开关量 0～F,3 s 后在两个七段数码管上分别显示每组开关量 0～F。

五、预习要求

(1) 预习 8255A 芯片内部机构及端口 A、B、C 的特性。

(2) 预习 8255A 芯片方式 0、方式 1 的基本功能和控制字。

(3) 预习 8255A 芯片方式 1 的端口 C 输入、输出状态字和时序图。

(4) 预习 8255A 芯片方式 1 选通信号$\overline{STB}$,应答信号 ACK 和端口 C 输入、输出状态字的关系,清楚选通信号$\overline{STB}$和应答信号$\overline{ACK}$是如何控制程序运行的。

（5）预习第 3 章 3.5.3 部分的七段数码管显示电路和实验七中七段数码管实验原理,了解七段数码管的工作原理和结构,理解并掌握数码管的静态显示和动态显示的原理。

（6）为七段数码管显示选择合适的位码和段码锁存器,进行硬件接口设计并画出电路框图（要求标出引入芯片的数据线和控制信号线的管脚号,以及芯片输出信号线的管脚号）,并且制订输入输出接口的硬件调试方案。

（7）根据题意画出程序流程图并编写源程序。

六、实验报告要求

（1）画出正确的硬件接口电路设计框图（要求标出引入芯片的数据线和控制信号线的管脚号及芯片输出信号线的管脚号）。

（2）写出经过软硬件调试通过的源程序,并对必要的语句加以注释。

（3）通过 8255A 芯片的实验,同时对比实验五、实验六,总结对 8255A 芯片的认识,以及对输入输出接口调试过程的体会。

（4）总结实验现象,简单叙述数码管接口电路设计的原则和调试方法。

（5）叙述七段数码管动态显示延时长短对视觉的影响。

8086CPU 接口设计实验综合测试

一、测试要求

在限定时间内(一般不多于 2 学时)完成指定的接口综合设计实验任务。要求自主制订设计方案和实现方法,包括程序设计和硬件接口电路设计两部分,并具备在实现过程中进行软硬件联合调试的能力。

二、测试内容

（1）程序设计方面,要求掌握常用汇编指令如通用数据传送指令、算术和逻辑运算指令、程序转移指令、伪指令等,以及分支、循环、子程序结构和调试方法。

（2）硬件接口设计方面,要求掌握 I/O 读写指令及输入输出接口电路设计和调试方法。

（3）掌握软硬件联合调试方法。

三、测试命题题型

设计接口电路并编程实现：
（1）测试命题 1　开关控制 LED 灯的亮灭切换或循环显示等应用功能。
（2）测试命题 2　开关控制数码管静态或动态显示等应用功能。

四、测试评分标准

测试时会记录每位同学完成指定任务的耗时,在完成度相同的情况下,用时短的成绩高于用时长的;在指定时间内,未完成者由任课教师根据实际完成度评定成绩;测试过程中存在作弊现象者,取消测试资格,成绩记为零分。

具体评分标准如下:

评分项	设计方案合理(10%)	硬件接线正确(20%)	硬件调试通过(10%)	程序设计功能完整(20%)	程序编译和链接通过(10%)	软硬件联调通过(10%)	运行结果有效(10%)	用时(10%)	测试总分
单项最高分	10	20	10	20	10	10	10	10	100
单项得分									

第2部分

MSP430系列微处理器开发及应用

第6章　MSP430系列微处理器开发概述

MSP430系列微处理器(Micro Controller Unit,简称MCU)是基于16位RISC(Reduced Instruction Set Computer,简称RISC)架构CPU的混合信号处理器(Mixed Signal Processor,简称MSP),具有丰富的外设和灵活的时钟系统,以及7种工作模式来控制功耗。MSP430系列微处理器的待机电流低至0.4 μA,待机模式下唤醒时间小于1 μs,诸多外设可在不需要CPU干预下正常运行。超低功耗(Ultra Low Power,简称ULP)是MSP430系列微处理器的一大特色,可以为计量仪表、便携式仪表、智能传感器和消费类电子产品等电池供电的应用提供完整的解决方案。

本章介绍MSP430系列微处理器的开发流程、软件开发环境以及TI公司推荐的3款基于MSP430微处理器的硬件开发系统。主要目的是了解MSP430系列微处理器的开发过程和常用开发工具,其详细介绍及应用参考后续有关章节。

6.1　MSP430系列微处理器应用程序设计

6.1.1　应用程序开发流程

MSP430系列微处理器应用程序设计中较常见的是使用C语言进行开发。图6.1给出了MSP430系列微处理器应用程序设计的软件开发流程。

首先用户编写C/C++源代码(文件名.c),然后由汇编工具生成对象文件(文件名.obj),再由链接器生成可执行对象文件(文件名.out或文件名.hex),最后在MSP430系列微处理器上运行应用程序。

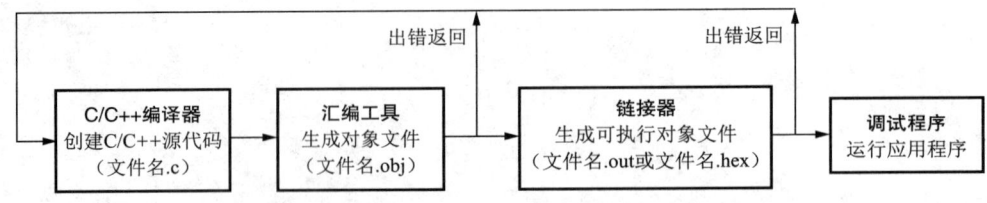

图6.1　MSP430系列微处理器应用程序设计的软件开发流程

6.1.2 低功耗编程结构

MSP430系列微处理器低功耗编程结构框图如图6.2所示。正常情况下的MSP430系列微处理器处于低功耗模式(如LPM0~4、LPM3.5和LPM4.5这7种低功耗模式,参见本书第3章3.1.3部分的内容),当片内外设产生中断事件时,唤醒CPU并执行中断服务程序。相应的中断事件有两种处理方式:① 通过设置标志位在主循环中处理(如图6.2所示的中断事件A和B);② 在中断服务程序中处理(如图6.2所示的中断事件C)。中断事件处理完毕后,MSP430系列微处理器仍回到中断服务程序前的运行状态,也就是再次进入低功耗模式。这种编程结构可将MSP430系列微处理器的功耗降至最低。

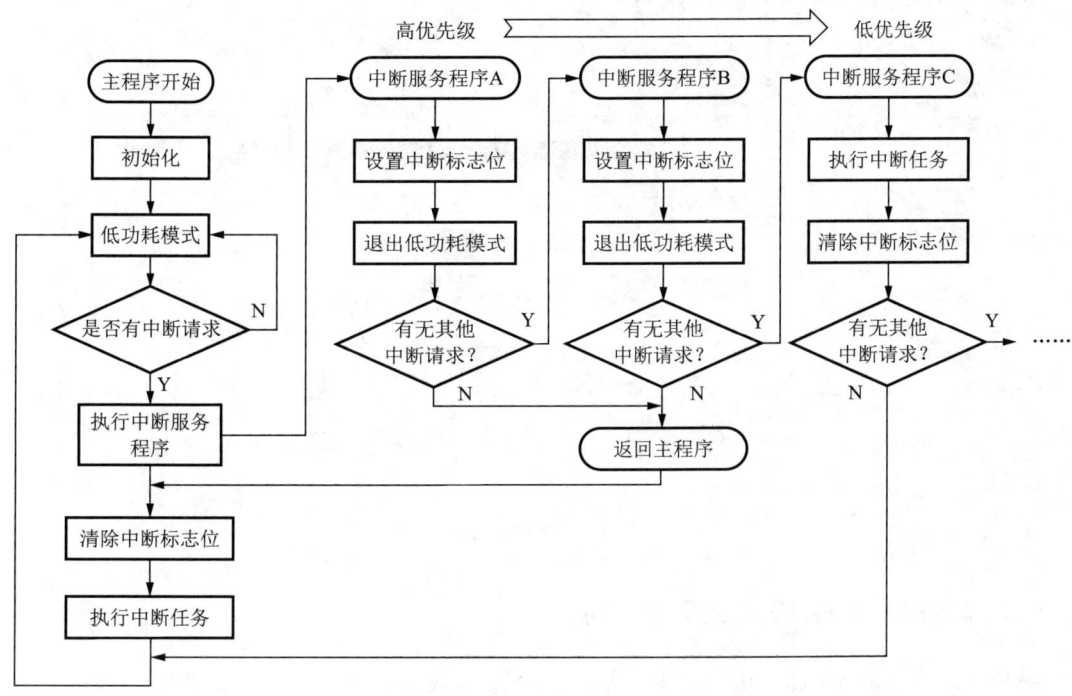

图6.2 MSP430系列微处理器低功耗编程结构框图

6.2 MSP430系列微处理器开发环境

前面已经简单介绍了MSP430系列微处理器应用程序的软件开发流程。要完成这一过程,计算机系统中就要有相应的开发环境。基于Windows系统的开发环境多为集成开发工具,如CCS、IAR EW430、Grace、MSPGCC、GrossWork等。下面介绍两种常用的MSP430系列微处理器开发环境。

6.2.1 CCS 集成环境

Code Composer Studio™(CCS)是用于 TI 公司嵌入式处理器系列的主要集成开发环境(IDE),可在 Windows 和 Linux 系统上运行。CCS 包含用于开发和调试嵌入式应用的工具,适用于每个 TI 公司生产的器件系列的项目构建环境、源码编辑器、编译器、调试器、描述器、仿真器、实时操作系统等。CCS 以 Eclipse 开源软件框架为基础,将该软件框架的优点和嵌入式调试功能相结合,为嵌入式开发人员提供了一个功能丰富的开发环境。图 6.3 给出了 CCSv10 的界面示例。

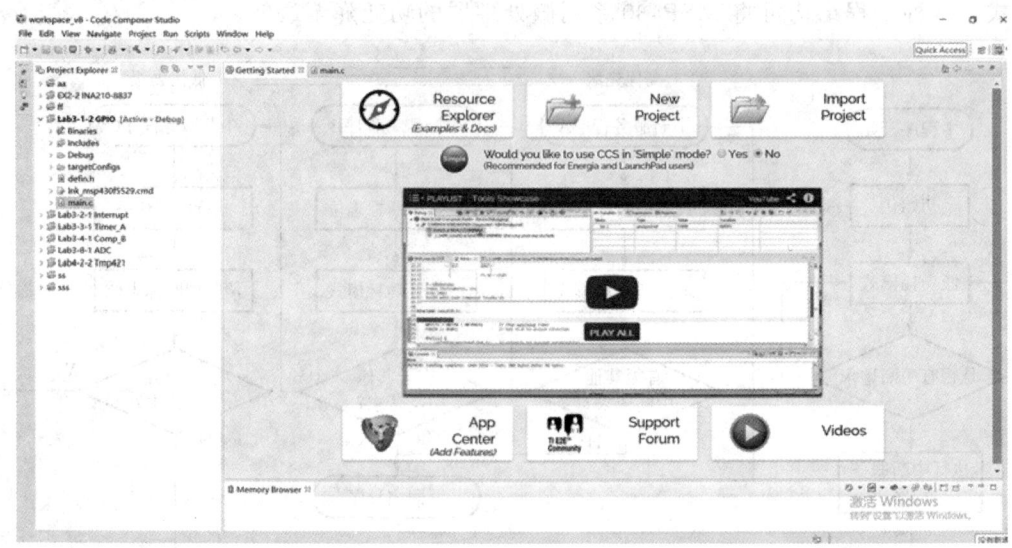

图 6.3　CCSv10 集成开发环境界面

6.2.2 IAR EW 嵌入式开发环境

IAR Embedded Workbench(简称 IAR EW)嵌入式工作平台是瑞典 IAR System 公司推出的嵌入式系统开发工具。IAR EW 能让用户有效地开发并管理嵌入式应用项目,其界面类似于 MS Visual C++,可以在 Windows 平台上运行,适用于开发基于 8 位、16 位以及 32 位处理器的嵌入式系统,功能十分完善,包含源程序文件编辑器、项目管理器、源程序调试器等。

IAR Embedded Workbench IDE for MSP430(简称 EW430)是用于开发 MSP430 系列微处理器系列项目的集成开发平台。它除了具有 IAR 软件的共有功能外,还有所有 MSP430 系列微处理器设备的配置文档,且其 C-SPY 调试器支持 FET(TI's Flash Emulation Tool)驱动,并支持实时操作系统相关信息的调试,提供了丰富的项目实例以及相关的代码模板等。图 6.4 给出了 IAR EW430 集成开发环境的界面示例。

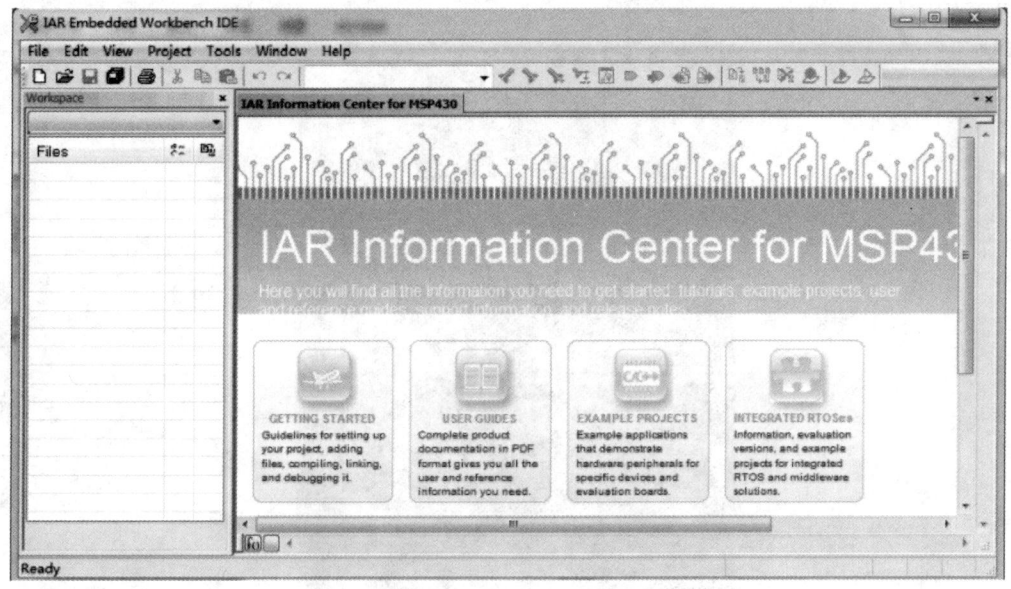

图 6.4　IAR EW430 集成开发环境界面

6.3　MSP430 系列微处理器硬件开发系统

TI 推荐 3 款基于 MSP430 系列微处理器的硬件开发系统套件，分别是 MSP-EXP430G2 实验开发板、基于 MSP430F5529 的 TEB-CM5500-UPC 开发系统，以及基于 MSP430F6638 的 DY-FFTB6638 全功能实验开发板。

6.3.1　MSP-EXP430G2 实验开发板

MSP-EXP430G2 是一款低成本实验开发板，标配 LaunchPad 搭载 MSP430G2553 微控制器，具有集成的 DIP 目标插座，可支持 20 个引脚，能够简便地将器件插入电路板中。此外，提供板上闪存仿真工具，可直接连接至 PC，轻松实现编程、调试和评估。MSP-EXP430G2 可与 IAR EW 或 CCS 集成开发环境一起进行编写、下载和调试应用，其实物图如图 6.5 所示。

MSP-EXP430G2
实验开发板

MSP-EXP430G2 实验开发板的硬件资源如下：

（1）USB 调试与编程接口无须驱动即可安装使用，且具备高达 9 600 波特的 UART 串行通信速度。

（2）支持所有采用 PDIP14 或 PDIP20 封装的 MSP430G2xx 和 MSP430F20xx 器件。

（3）分别连接至绿光和红光 LED 的两个通用数字 I/O 引脚（PI.0 和 PI.6）可提供视觉反馈。

（4）两个按钮可实现用户反馈（PI.3）和芯片复位（RESET）。

（5）器件引脚可通过插座引出，既可方便地用于调试，也可用来添加定制的扩展板。

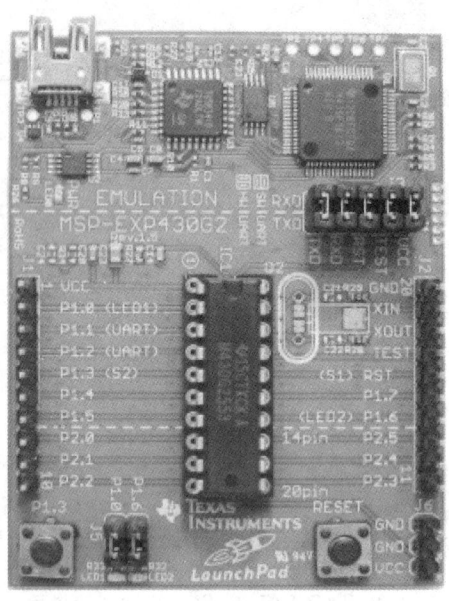

图 6.5　MSP-EXP430G2 实验开发板

（6）高质量的 20 引脚 DIP 插座，可轻松简便地插入目标器件或将其移除。

6.3.2　TEB-CM5500-UPC 开发系统

MSP430F5529 是 TI 公司新一代集成 USB 模块的超低功耗单片机。TEB-CM5500-UPC 开发系统是基于 MSP430F5529 器件的开发平台，能帮助设计者快速使用 MSPF5529MCU 进行学习和开发，其实物图如图 6.6 所示。

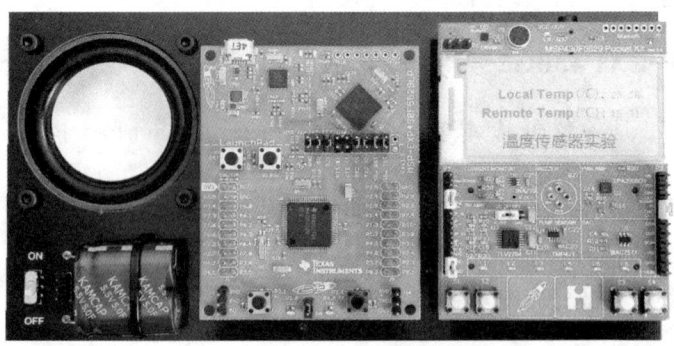

TEB-CM5500-UPC 开发系统

图 6.6　TEB-CM5500-UPC 开发系统

TEB-CM5500-UPC 开发系统是配合 TI MSP430F5529 LaunchPad 开发板（以下简称 LP 板）使用的。该开发系统的扩展板上集成了电子纸屏幕（电子墨水屏）、模拟滤波器、用户 LED 灯与按键、蜂鸣器、音频功放、温度传感器、DAC、SD 卡座、耳机插座、信号输入/输出接口等模块，扩展了 MSP430F5529LaunchPad 开发板的实验内容与应用领域。

6.3.3　DY-FFTB6638 全功能实验开发板

DY-FFTB6638 全功能实验开发板由 TI 公司计划部和上海德研电子技术有限公司联合

研发。该开发板使用最新的 MSP430F6638 微控制器，配备 TFT 真彩色液晶屏、6 位段式 LCD、8 位段式 LED 数码管、触摸按键、SD 卡存储器接口等模块，其实物图如图 6.7 所示。

DY-FFTB6638 全功能实验开发板

图 6.7　DY-FFTB6638 全功能实验开发板

第7章　CCS软件集成开发环境

CCS是TI公司研发的一款具有环境配置、源文件编辑、程序调试、跟踪和分析等功能的集成开发环境，能够帮助用户在该软件环境下完成编辑、编译、链接、调试和数据分析等工作，是MSP430系列软件开发的理想工具。从CCS5.0版本开始，由于集成了MSP430Ware插件和Grace图形编程插件，CCS软件集成开发环境对MSP430系列微处理器的支持达到了全新的高度。本章将以CCSv10版本为例，详细介绍CCS软件的使用方法和开发过程。

7.1　导入已有工程

对于已建立的CCS工程，可以直接导入其工程文件，具体步骤如下：

（1）打开CCSv10，选择"File→Import"命令，弹出如图7.1所示对话框，单击展开"Code Composer Studio"选项，选择"CCS Projects"。

（2）单击"Next"按钮，弹出如图7.2所示对话框。

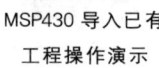

MSP430 导入已有工程操作演示

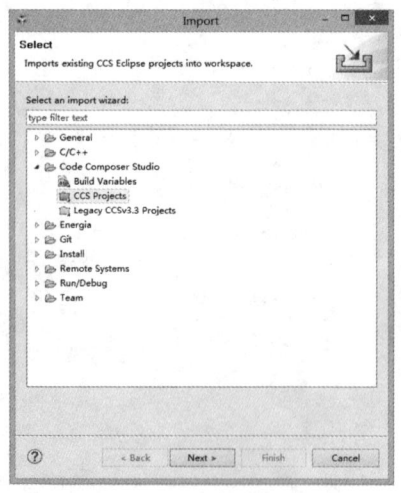

图7.1　导入CCS工程文件界面

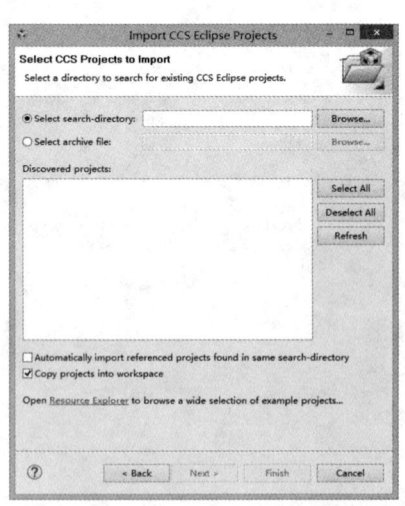

图7.2　选择导入工程文件的目录及文件

(3) 单击"Browse"按钮,选择需导入的工程文件所在目录,如图 7.2 所示。

(4) 单击"Finish"按钮,即可完成已有工程文件的导入。

注意: 为了不破坏原有工程文件,一般会勾选"Copy projects into worksapce"选项。

7.2 新建工程

利用 CCS 集成开发环境进行系统开发首先应该建立一个新的工程,具体步骤如下:

(1) 打开 CCS 并确定工作区间,选择"File→New→CCS Project"命令,弹出如图 7.3 所示的对话框。

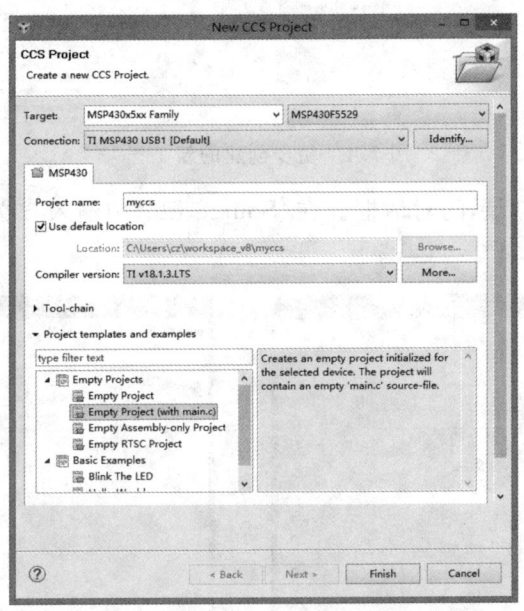

MSP430 新建 CCS
工程操作演示

图 7.3 新建 CCS 工程对话框

(2) 在"Target"中选择"MSP430X5XX Family",选择芯片如 MSP430F5529,"Connection"保持默认。

(3) 在"Project name"中输入新建工程的名称,这里输入"myccs"。

(4) "Compiler version"保持默认。

(5) 在"Project templates and examples"选项选择"Empty project"中的"Empty project (with main.c)",然后单击"Finish"按钮,即完成新工程的创建。

(6) 创建的工程将显示在"Project Explorer"(工程浏览器)对话框中,如图 7.4 所示。

注意: 若要新建或导入已有的.h 或.c 文件,则步骤如下。

(7) 新建.h 文件:在"Project Explorer"中的工程名上右击鼠标,选择"New→Header File"命令,弹出如图 7.5 所示的对话框。在"Header file"中输入头文件的名称,注意必须以.h 结尾,在此输入 my01.h。

(8) 新建.c 文件:在"Project Explorer"中的工程名上右击鼠标,选择"New→Source

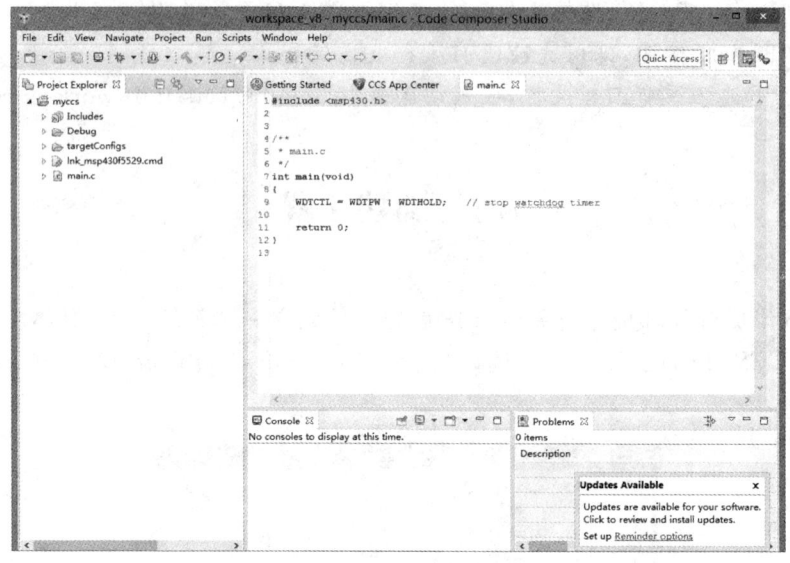

图 7.4　初步创建的新工程

File"命令,得到如图 7.6 所示的对话框。在"Source file"中输入 c 文件的名称,注意必须以 .c 结尾,这里输入"my01.c"。

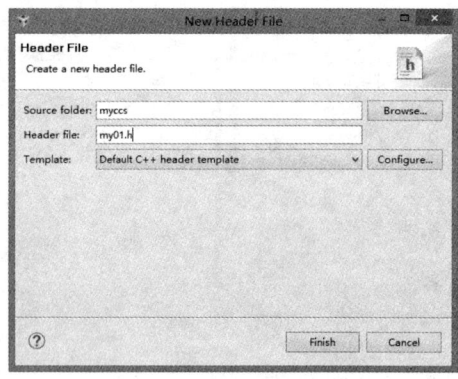

图 7.5　新建 .h 文件对话框

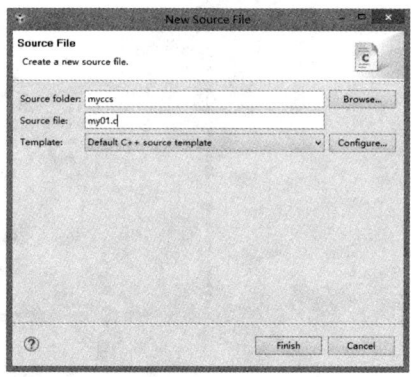

图 7.6　新建 .c 文件对话框

（9）导入已有的 .h 或 .c 文件:在"Project Explorer"中的工程名上右击鼠标,选择"Add Files"命令,找到所需导入的文件位置并单击,弹出如图 7.7 所示的对话框。选中"Copy files",单击"OK"按钮,即可将已有文件导入工程中。

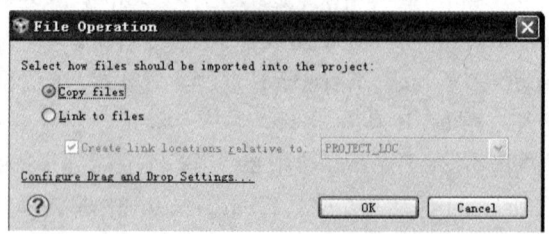

图 7.7　添加或链接现有文件

注意：若已用其他编程软件(例如IAR)完成了整个工程的开发,则该工程无法直接移入CCS,但是可以进行工程移植。具体步骤为：① 在CCS中新建工程；② 根据步骤(7)、(8)和(9)新建或导入已有的.h或.c文件,从而完成整个工程的移植。

7.3　调试工程

调试工具如图7.8所示,具体调试步骤如下：

(1) 对所需调试工程进行编译：选择"Project→Build ALL"命令,编译目标工程。编译结果可通过图7.9所示窗口查看。若编译没有错误产生,则可以进行下载调试；如果程序有错误,将会在Problems窗口显示,此时应针对显示的错误修改程序,并重新编译,直到无错误提示。

MSP430 调试
操作演示

(2) 单击绿色的Debug按钮 进行下载调试,得到如图7.10所示的界面。

MSP430 编译、链接
并运行程序操作演示

(3) 单击运行图标 运行程序,观察显示结果。在程序调试的过程中,可通过设置断点来调试程序,具体操作如下：选择需要设置断点的位置,右击鼠标选择"Breakpoints→Breakpoint"。断点设置成功后将显示图标 ,可以通过双击该图标取消断点。在程序运行的过程中可以通过单步调试按钮 配合断点来调试程序。单击重新开始图标 可定位到main()函数,单击复位按钮 可进行复位,单击中止按钮可返回编辑界面。

MSP430 下载调试
CCS 工程操作演示

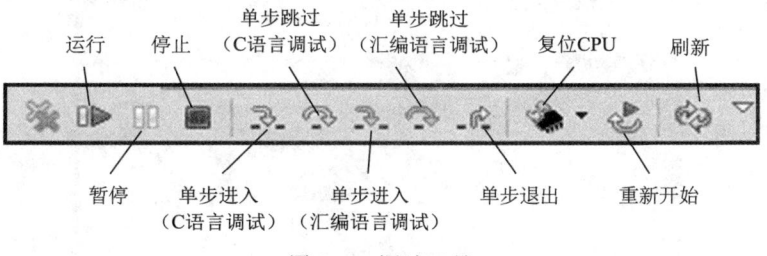

图7.8　调试工具

图7.9　工程调试结果Problems窗口

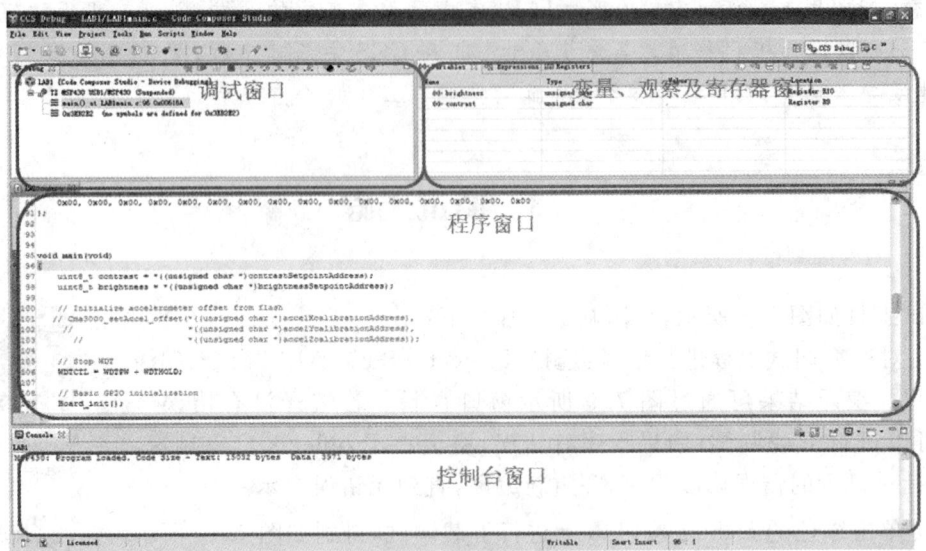

图 7.10 调试窗口界面

7.4 资源管理器及应用

在 CCSv10 中,单击"View→Resource Explorer"命令,在主窗口中会显示如图 7.11 所示的 CCS 资源管理器界面。

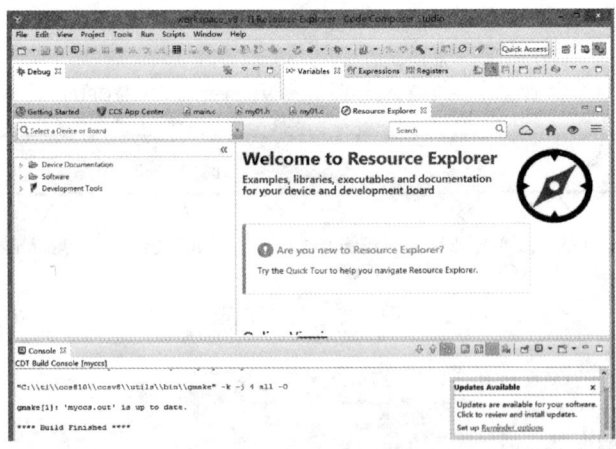

图 7.11 Resource Explorer 界面及子目录

在 Resource Explorer 界面左侧可以看到 3 个子菜单。

(1) Device Documentation。

Device Documentation 子菜单包含 MSP430 所有系列型号文档资料,其中的 User's Guide 为用户指南。在用户指南中有对该系列单片机的 CPU 及外围模块,包括寄存器配置、工作模式的详细介绍和使用说明;另外,还可以找到该系列单片机的 Datasheet(数据手册),它与具体的型号有关,所以在 Datasheet 的子目录中会看到不同型号单片机的数据手册。

(2) Development Tools。

Development Tools 子菜单包含 MSP430 系列微处理器较新的一些开发套件的资料。

(3) Software。

在 Software 子菜单中可以看到目前 CCSv10 中安装的所有附件软件。

选择 MSP430Ware 可以进入 MSP430Ware 界面,如图 7.12 所示。在 MSP430Ware 界面左侧可以看到 3 个子菜单:Development Tools、Devices 和 Libraries。

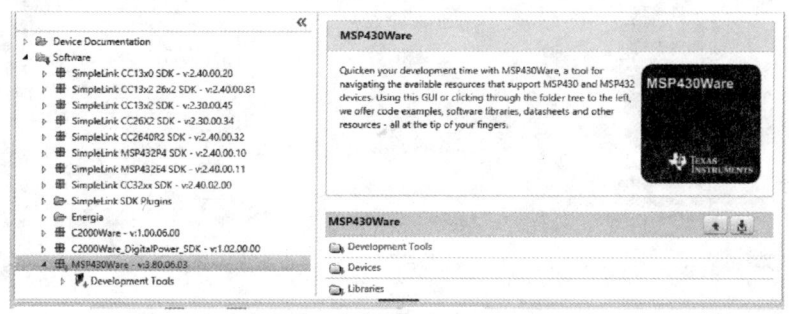

图 7.12　MSP430Ware 界面及子目录

① Development Tools 包含 MSP430 系列微处理器较新的一些开发套件的资料。

② Devices 包含 MSP430 系列微处理器所有的系列型号,如图 7.13 所示。

③ Libraries 包含可用于 MSP430F5XX 和 MSP430F6XX 系列单片机的驱动库函数及 USB 的驱动函数。

找到 Device 子菜单并单击图 7.13 所示界面的左侧展开键,可查看下级菜单。如图 7.13 所示,可以看到在 Devices 的子目录下有目前所有的 MSP430 系列微处理器型号,例如 MSP430F5XX/6XX,将其展开后找到"MSP430F5529"并展开,选择"Peripheral Examples"或"Middleware"子目录,再展开后可以找到参考代码。

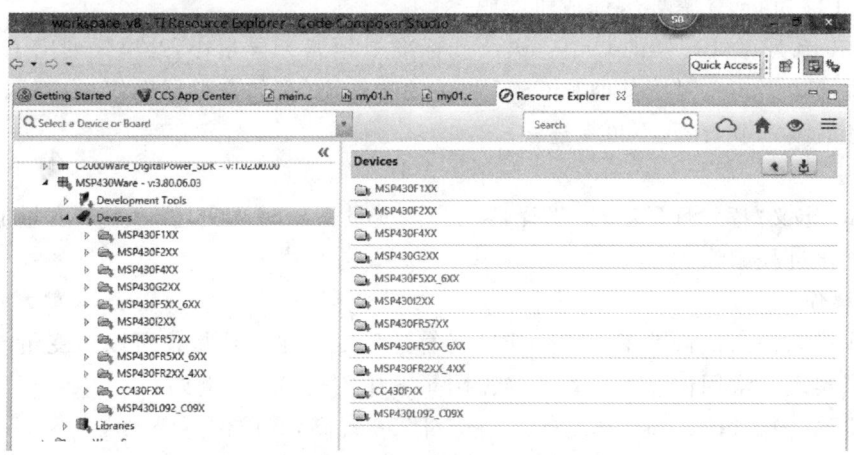

图 7.13　Devices 界面及子目录

MSP430Ware 提供了不同型号 CCS 的示例程序,如图 7.14 所示。选择具体型号后,在右侧窗口中将显示参考示例程序,可以针对不同型号提供基于所有外设的参考例程及简单描述,以帮助用户更快地找到最合适的参考例程。CCS 会自动生成一个包含所选示例程序的工程,可在工程浏览器(Project Explorer)中查看,也可以直接进行编译、下载和调试。

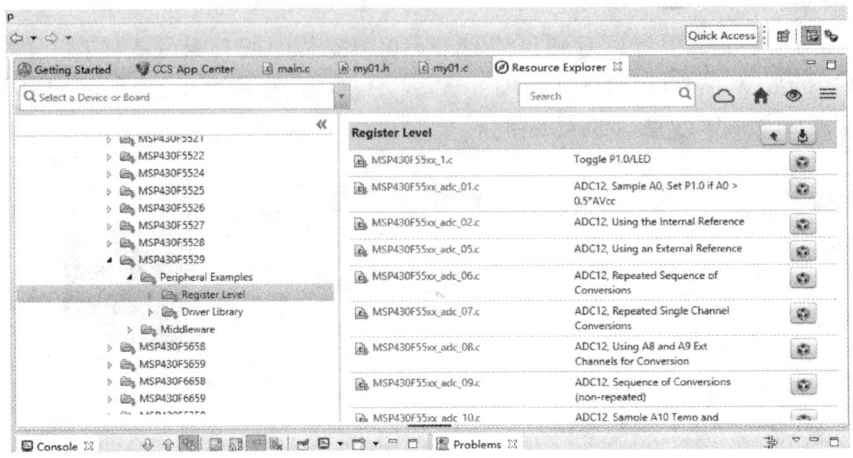

图 7.14　MSP430F552X 实例程序界面

7.5　MSP430 系列微处理器 C 语言基础

MSP430 系列微处理器属于 RISC(精简指令集)型处理器。该处理器的指令集中会省去乘法指令,在保证功能的情况下,可减少电路,降低硅片面积。目前,MSP430 系列微处理器的 C 编译器非常高效,所以可以直接利用 C 语言开发。大部分处理器的 C 语言都是在 ANSI-C 上增加对应处理器的特殊操作而构成的。此外,C 语言的源程序属于文本文件,不能直接被 CPU 执行,还需要编译成机器码。

MSP430 系列微处理器的 C 语言语法和标准 C 语言差异很小,这里仅列出了 volatile 特殊变量和位操作语句。对于其他和 CPU 相关的特殊语句(如寄存器操作、内部函数、库函数等),可参考后续章节,在此不再赘述。

1) 变量

volatile:定义"挥发性"变量。编译器认为该变量会随时改变,因而对该变量的任何操作都不会被优化过程删除。

2) 位操作

位操作可以提高执行效率,弥补 CPU 运算速度的不足。位操作可以由变量与掩模位的逻辑操作来实现。常用位操作运算符参见附录 8 中附表 8.2。例如:

P2OUT|=0x01;　　　　　　　　//P2.0 置高,其地位不变
P2OUT&=~0x01;　　　　　　　//P2.1 置低
P2OUT^=0x04;　　　　　　　　//P2.2 取反

在寄存器头文件中,已经将 BIT0~BIT7 定义成 0x01~0x80,因此上述程序可以写为:

```
P2OUT|=BIT0;                    //P2.0置高
P2OUT&=~BIT1;                   //P2.1置低
P2OUT^=BIT2;                    //P2.2取反,其地位不变
```
对于多位可以同时操作,例如:
```
P1OUT|=BIT1+BIT2;               //P1.1/2全置高,其地位不变
P1OUT&=~(BIT1+BIT2);            //P1.1/2全置低,其地位不变
```
上述语句相当于:
```
P1OUT|=0x1e;                    //P1.1/2全置高,其地位不变
```
此外,还可以用(1<<x)来替代 BITx 宏定义,无须改动即可将其移植到任何其他单片机上,但可读性较差,例如:
```
P2OUT|=(1<<0);                  //P2.0置高,其地位不变
```

第 8 章　MSP430 系列微处理器常用片内资源模块

　　MSP430 系列微处理器具有非常丰富的片内资源，不仅给系统设计带来了极大的方便，而且降低了系统成本。不同型号的 MSP430 系列微处理器，其片内资源模块的组合不同。常用片内资源模块主要包含时钟模块（Unified Clock System，简称 UCS）、通用 I/O 端口（General Purpose Input Output，简称 GPIO）模块、定时器（Timer）模块、LCD 段式液晶驱动模块、10 位/12 位模/数转换器（ADC10/ADC12）模块、SPI（Serial Peripheral Interface，串行外设接口）模块、I^2C（Inter-Integrated Circuit，集成电路总线）模块等。

8.1　时钟模块（UCS）

　　时钟模块不仅为 CPU 提供了时序，还给片内资源模块提供了不同频率的时钟。通过合理配置时钟模块，产生多种时钟信号，可以为单芯片系统与超低功耗系统设计提供灵活的实现手段。MSP430F5XX/6XX 系列时钟模块结构图如图 8.1 所示。通过软件配置结构图中各控制位可实现灵活的硬件配置功能。

8.1.1　时钟源与时钟信号

　　1）时钟源

　　一般来说，MSP430 时钟模块使用时可以配备两个外部晶振：一个高频晶振（如 8 MHz）和一个低频晶振（如 32 768 Hz）。这两个外部晶振与芯片内部的数字时钟振荡器 DCO、内部超低功耗低频振荡器 VLO 和内部调整低频参考振荡器 REFO 作为时钟系统的时钟源。

　　注意：程序运行前一般应对振荡器失效标志位进行判断；在 MSP430 最小系统中，内部具有的自身振荡器可以为 CPU 及片内外设提供系统时钟。

　　2）时钟信号

　　UCS 模块有三个时钟信号（MCLK、SMCLK 和 ACLK），通过软件配置［如时钟模块控制寄存器 4（UCSCTL4）］来选择这三个时钟信号的信号源。使用时，可根据实际情况选择一种时钟信号供 CPU 和外设资源模块使用。三个时钟信号的具体功能如下：

　　（1）MCLK 为主时钟（Main system Clock），专为 CPU 运行提供服务。MCLK 频率配

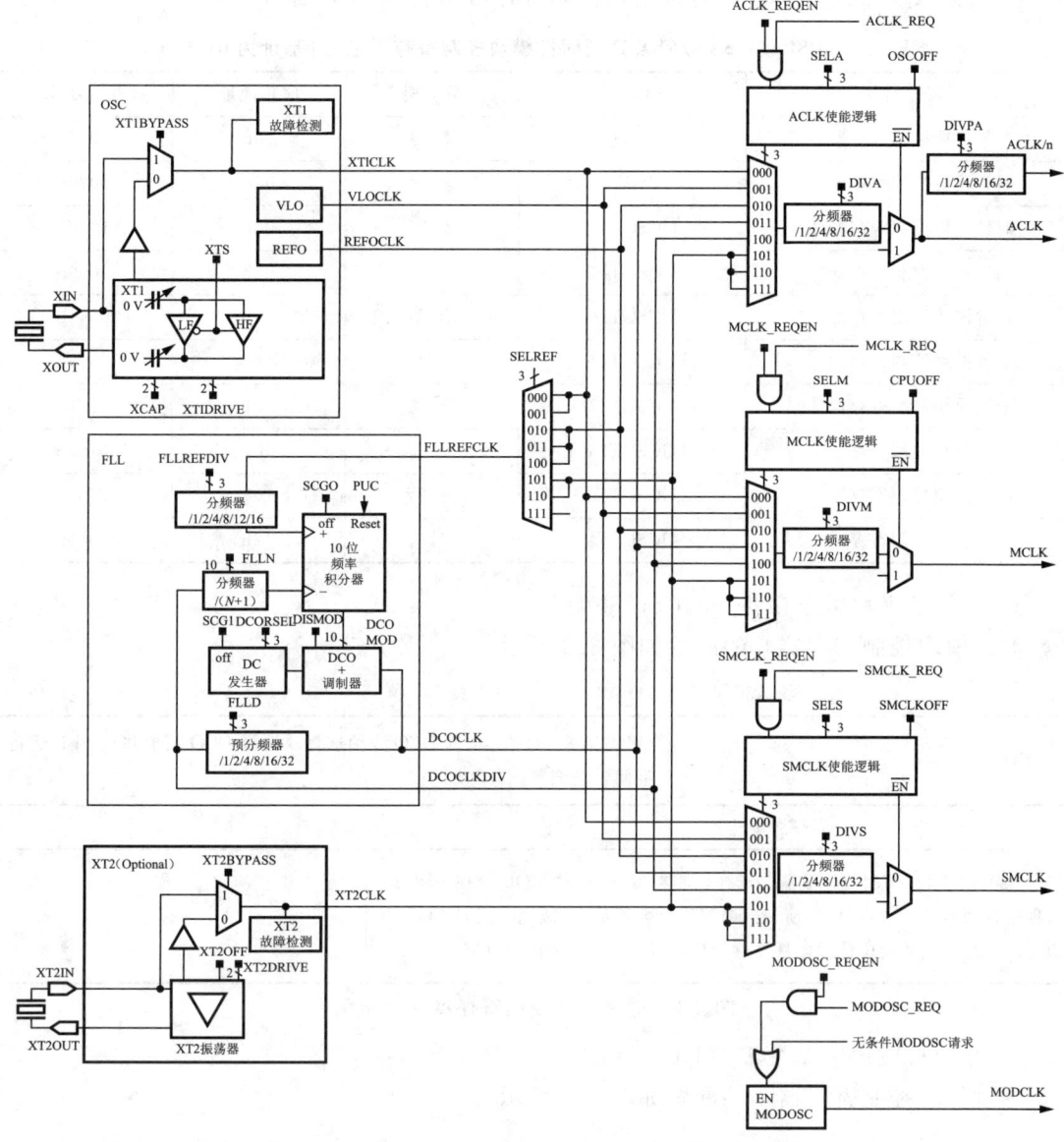

图 8.1　MSP430F5XX/6XX 系列时钟模块结构图

置得越高,CPU 执行的速度越快。

(2) SMCLK 为子系统时钟(Sub-main Clock),专为一些需要高速时钟的外设资源提供服务。比如定时器和 ADC 采样等,当 CPU 休眠时,只要 SMCLK 开启,定时器和 ADC 就仍可工作(一般待片内外设完成工作后触发中断,唤醒 CPU 去做后续工作)。

(3) ACLK 为辅助时钟(Auxillary Clock),专为那些只需低频时钟的外设资源提供服务,比如 LCD 控制器,还可用于产生节拍时基,与定时器配合间歇唤醒 CPU。

8.1.2　时钟模块控制寄存器

通过软件配置控制寄存器,选择相应的时钟源作为系统参考时钟,使用灵活方便。以

MSP430F5XX/6XX系列为例,时钟模块控制寄存器见表8.1,详细描述如下。

表 8.1　MSP430F5XX/6XX 系列时钟模块控制寄存器汇总（基址为 0160h）

寄存器	简写	类型	偏移地址	初始状态
时钟模块控制寄存器 0	UCSCTL0	读/写	00h	0000h
时钟模块控制寄存器 1	UCSCTL1	读/写	02h	0020h
时钟模块控制寄存器 2	UCSCTL2	读/写	04h	101Fh
时钟模块控制寄存器 3	UCSCTL3	读/写	06h	0000h
时钟模块控制寄存器 4	UCSCTL4	读/写	08h	0044h
时钟模块控制寄存器 5	UCSCTL5	读/写	0Ah	0000h
时钟模块控制寄存器 6	UCSCTL6	读/写	0Ch	C1CDh
时钟模块控制寄存器 7	UCSCTL7	读/写	0Eh	0703h
时钟模块控制寄存器 8	UCSCTL8	读/写	10h	0707h
时钟模块控制寄存器 9	UCSCTL9	读/写	12h	0000h

1）时钟模块控制寄存器 0(UCSCTL0)

时钟模块控制寄存器 0 的配置如图 8.2 所示。

15	14	13	12	11	10	9	8
保留			DCO：第 8～12 位，根据 DCO 频拍选择。选择 DCO 频拍并在 FLL 运行期间自动调整				

7	6	5	4	3	2	1	0
MOD：第 3～7 位，调制位计数器。选择调制类型，所有的 MOD 位在 FLL 运行期间自动调整，无须用户干预。当调制位计数器从 31 减到 0 时，DCOx 的值自动增加。当调制位计数器从 0 增加到 31 时，DCOx 的值自动减少					保留		

图 8.2　时钟模块控制寄存器 0 的配置

2）时钟模块控制寄存器 1(UCSCTL1)

时钟模块控制寄存器 1 的配置如图 8.3 所示。

15	14	13	12	11	10	9	8
保留							

7	6	5	4	3	2	1	0
保留	DCORSEL：第 4～6 位，根据 DCO 频率范围选择			保留		保留	DISMOD：第 0 位，调制器禁止使能控制位。0—使能调制器；1—禁止调制器

图 8.3　时钟模块控制寄存器 1 的配置

（注：标有下划线处为该模块的默认配置，下同）

3）时钟模块控制寄存器 2(UCSCTL2)

时钟模块控制寄存器 2 的配制如图 8.4 所示。

15	14	13	12	11	10	9	8
保留	\multicolumn{5}{l}{FLLD:第 12～14 位,FLL 预分频器。这些位设置 DCOCLK 的分频系数为 D,即 DCOCLK 经过 D 次分频后得到 DCOCLKDIV 时钟。 000—$f_{DCOCLK}/1$;001—$f_{DCOCLK}/2$;010—$f_{DCOCLK}/4$; 011—$f_{DCOCLK}/8$;100—$f_{DCOCLK}/16$;101—$f_{DCOCLK}/32$; 110—保留为以后使用,默认值 $f_{DCOCLK}/32$; 111—保留为以后使用,默认值 $f_{DCOCLK}/32$}				保留	FLLN:第 0～9 位,倍频系数。设置倍频值 N,N 必须大于 0,如果 FLLN = 0,则 N 被自动设置为 1
7	6	5	4	3	2	1	0
FLLN							

图 8.4 时钟模块控制寄存器 2 的配制

4) 时钟模块控制寄存器 3(UCSCTL3)

时钟模块控制寄存器 3 的配置如图 8.5 所示。

15	14	13	12	11	10	9	8
保留							
7	6	5	4	3	2	1	0
保留	SELREF:第 4～6 位,FLL 参考时钟源选择控制位。这些控制位选择 FLL 的参考时钟源 FLLREFCLK。 000—XT1CLK;001—保留为以后使用,默认参考时钟源 XT1CLK; 010—REFOCLK;011—保留为以后使用,默认参考时钟源 REFOCLK; 100—保留为以后使用,默认参考时钟源 REFOCLK; 101—当 XT2 有效时,选择 XT2CLK,否则,选择 REFOCLK; 110—保留为以后使用,默认与 101 配置情况相同; 111—保留为以后使用,默认与 101 配置情况相同			保留	FLLREFDIV:第 0～2 位,FLL 参考时钟分频器。 000—$f_{FLLREFCLK}/1$;001—$f_{FLLREFCLK}/2$; 010—$f_{FLLREFCLK}/4$;011—$f_{FLLREFCLK}/8$; 100—$f_{FLLREFCLK}/12$;101—$f_{FLLREFCLK}/16$; 110—保留为以后使用,默认值 $f_{FLLREFCLK}/16$; 111—保留为以后使用,默认值 $f_{FLLREFCLK}/16$		

图 8.5 时钟模块控制寄存器 3 的配置

5) 时钟模块控制寄存器 4(UCSCTL4)

时钟模块控制寄存器 4 的配置如图 8.6 所示。

15	14	13	12	11	10	9	8
保留				SELA:第 8～10 位,ACLK 参考时钟源选择控制位。 000—XT1CLK;001—VLOCLK; 010—REFOCLK;011—DCOCLK; 100—DCOCLKDIV; 101—当 XT2 有效时,选择 XT2CLK,否则,选择 DCOCLKDIV; 110—保留为以后使用,默认与 101 配置情况相同; 111—保留为以后使用,默认与 101 配置情况相同			

图 8.6 时钟模块控制寄存器 4 的配置

7	6	5	4	3	2	1	0
保留	SELS:第4~6位,SMCLK参考时钟源选择控制位。 000—XT1CLK;001—VLOCLK; 010—REFOCLK;011—DCOCLK; 100—DCOCLKDIV; 101—当XT2有效时,选择XT2CLK,否则,选择DCOCLKDIV; 110—保留为以后使用,默认与101配置情况相同; 111—保留为以后使用,默认与101配置情况相同			保留	SELM:第0~2位,MCLK参考时钟源选择控制位。 000—XT1CLK;001—VLOCLK; 010—REFOCLK;011—DCOCLK; 100—DCOCLKDIV; 101—当XT2有效时,选择XT2CLK,否则,选择DCOCLKDIV; 110—保留为以后使用,默认与101配置情况相同; 111—保留为以后使用,默认与101配置情况相同		

续图 8.6 时钟模块控制寄存器 4 的配置

6）时钟模块控制寄存器 5（UCSCTL5）

时钟模块控制寄存器 5 的配置如图 8.7 所示。

15	14	13	12	11	10	9	8
保留	DIVPA:第12~14位,ACLK/n时钟输出分频器。 000—$f_{ACLK}/1$;001—$f_{ACLK}/2$; 010—$f_{ACLK}/4$;011—$f_{ACLK}/8$; 100—$f_{ACLK}/16$;101—$f_{ACLK}/32$; 110—保留为以后使用,默认值$f_{ACLK}/32$; 111—保留为以后使用,默认值$f_{ACLK}/32$			保留	DIVA:第8~10位,ACLK时钟源分频器,分频后作为ACLK时钟。 000—$f_{ACLK}/1$;001—$f_{ACLK}/2$; 010—$f_{ACLK}/4$;011—$f_{ACLK}/8$; 100—$f_{ACLK}/16$;101—$f_{ACLK}/32$; 110—保留为以后使用,默认值$f_{ACLK}/32$; 111—保留为以后使用,默认值$f_{ACLK}/32$		

7	6	5	4	3	2	1	0
保留	DIVS:第4~6位,SMCLK时钟源分频器,分频后作为SMCLK时钟。 000—$f_{SMCLK}/1$;001—$f_{SMCLK}/2$; 010—$f_{SMCLK}/4$;011—$f_{SMCLK}/8$; 100—$f_{SMCLK}/16$;101—$f_{SMCLK}/32$; 110—保留为以后使用,默认值$f_{SMCLK}/32$; 111—保留为以后使用,默认值$f_{SMCLK}/32$			保留	DIVM:第0~2位,MCLK时钟源分频器,分频后作为MCLK时钟。 000—$f_{MCLK}/1$;001—$f_{MCLK}/2$; 010—$f_{MCLK}/4$;011—$f_{MCLK}/8$; 100—$f_{MCLK}/16$;101—$f_{MCLK}/32$; 110—保留为以后使用,默认值$f_{MCLK}/32$; 111—保留为以后使用,默认值$f_{MCLK}/32$		

图 8.7 时钟模块控制寄存器 5 的配置

7）时钟模块控制寄存器 6（UCSCTL6）

时钟模块控制寄存器 6 的配置如图 8.8 所示。

15	14	13	12	11	10	9	8
XT2DRIVE：第14～15位，XT2振荡器驱动调节控制位。系统上电时，XT2振荡器以最大电流启动，以实现快速可靠启动。如有必要，用户可手动软件调节振荡器的驱动能力。00—最低电流消耗，XT2振荡器工作在4～8 MHz；01—增强XT2振荡器的驱动强度，XT2振荡器工作在8～16 MHz；10—增强XT2振荡器的驱动能力，XT2振荡器工作在16～24 MHz；11—XT2振荡器最大驱动能力、最大电流消耗，XT2振荡器工作在24～32 MHz		保留	XT2BYPASS：第12位，XT2旁路选择控制位。0—XT2来源于内部时钟（使用外部晶振）；1—XT2来源于外部引脚输入（旁路模式）	保留			XT2OFF：第8位，XT2振荡器关闭控制位。0—当XT2引脚被设置为XT2功能且没有被设置为旁路模式时，XT2被打开；1—当XT2没有作为ACLK、SMCLK或MCLK的时钟源，且没有作为FLL的参考时钟时，XT2被关闭

7	6	5	4	3	2	1	0
XT1DRIVE：第6～7位，XT1振荡器驱动调节控制位。系统上电时，XT1振荡器以最大电流启动，以实现快速可靠启动。如有必要，用户可手动软件调节振荡器的驱动能力。00—XT1在低频模式下最低电流消耗，XT1在高频模式下工作在4～8 MHz；01—增强XT1在低频模式下的驱动强度，XT1在高频模式下工作在8～16 MHz；10—增强XT1在低频模式下的驱动能力，XT1在高频模式下工作在16～24 MHz；11—XT1在低频模式下最大驱动能力、最大电流消耗，XT1在高频模式下工作在24～32 MHz		XTS：第5位，XT1模式选择控制位。0—低频模式，XCAP定义XIN和XOUT引脚间的电容；1—高频模式，XCAP位没有使用	XT1BYPASS：第4位，XT1旁路选择控制位。0—XT1来源于内部时钟（使用外部晶振）；1—XT1来源于外部引脚输入（旁路模式）		XCAP：第2～3位，振荡器负载电容选择控制位。这些位选择振荡器在低频模式时（XTS=0）的负载电容。00—2 pF；01—5.5 pF；10—8.5 pF；11—12 pF	SMCLKOFF：第1位，SMCLK开关控制位。0—SMCLK打开；1—SMCLK关闭	XT1OFF：第0位，XT1开关控制位。0—当XT1引脚被设置为XT1功能且没有被设置为旁路模式时，XT1被打开；1—当XT1没有作为ACLK、SMCLK或MCLK的时钟源，且没有作为FLL的参考时钟时，XT1被关闭

图 8.8 时钟模块控制寄存器 6 的配置

8）时钟模块控制寄存器 7(UCSCTL7)

时钟模块控制寄存器 7 的配置如图 8.9 所示。

15	14	13	12	11	10	9	8
保留							

7	6	5	4	3	2	1	0
保留				XT2OFFG：第 3 位，XT2 晶振故障失效标志位。如果 XT2 晶振产生故障失效，则 XT2OFFG 置位，之后晶振故障失效中断标志位 OFIFG 置位，请求中断。XT2OFFG 可以手动软件清除，若清除后 XT2 故障失效情况仍然存在，则 XT2OFFG 将自动置位。 0—上次复位后，没有故障失效产生； 1—上次复位后，XT2 产生故障失效	XT1HFOFFG：第 2 位，XT1 在高频模式下晶振故障失效标志位，其置位及清除情况与 XT2OFFG 类似。 0—上次复位后，没有故障失效产生； 1—上次复位后，XT1（高频模式）产生故障失效	XT1LFOFFG：第 1 位，XT1 在低频模式下晶振故障失效标志位，其置位及清除情况与 XT2OFFG 类似。 0—上次复位后，没有故障失效产生； 1—上次复位后，XT1（低频模式）产生故障失效	DCOFFG：第 0 位，DCO 振荡器故障失效标志位。当 DCO={0}或{31}时，DCOFFG 置位。DCOFFG 可以手动软件清除，若清除后 DCO 故障失效情况仍然存在，则 DCOFFG 将自动置位。 0—上次复位后，没有故障失效产生； 1—上次复位后，DCO 产生故障失效

图 8.9 时钟模块控制寄存器 7 的配置

9）时钟模块控制寄存器 8（UCSCTL8）

时钟模块控制寄存器 8 的配置如图 8.10 所示。

15	14	13	12	11	10	9	8
保留							

7	6	5	4	3	2	1	0
保留				MODOSCREQEN：第 3 位，MODOSC 时钟条件请求控制位。 0—MODOSC 条件请求禁止； 1—MODOSC 条件请求允许	SMCLKREQEN：第 2 位，SMCLK 时钟条件请求控制位。 0—SMCLK 条件请求禁止； 1—SMCLK 条件请求允许	MCLKREQEN：第 1 位，MCLK 时钟条件请求控制位。 0—MCLK 条件请求禁止； 1—MCLK 条件请求允许	ACLKREQEN：第 0 位，ACLK 时钟条件请求控制位。 0—ACLK 条件请求禁止； 1—ACLK 条件请求允许

图 8.10 时钟模块控制寄存器 8 的配置

10）时钟模块控制寄存器 9（UCSCTL9）

时钟模块控制寄存器 9 的配置如图 8.11 所示。

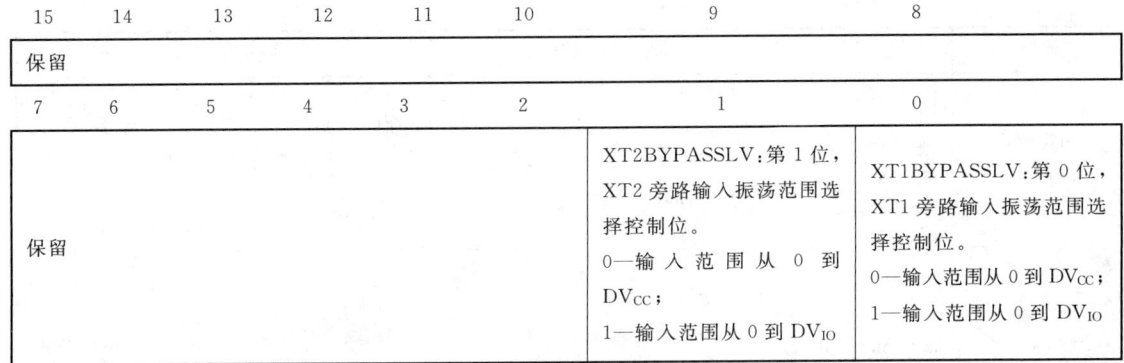

图 8.11 时钟模块控制寄存器 9 的配置

8.1.3 低功耗模式

MSP430 系列微处理器通过软件控制时钟模块可以使其工作在多种模式下，包括 1 种活动模式和 7 种低功耗模式。MSP430 系列微处理器工作模式列表见表 8.2。通过这些工作模式，可合理地利用系统资源，实现整个应用系统的低功耗。

MSP430 系列微处理器通过在不同的低功耗模式下关闭不同的系统时钟实现低功耗。关闭的系统时钟越多，休眠模式越深。

充分利用时钟模块和低功耗模式可以编出高效、稳定的程序代码，使功耗降至最低。具体实现过程描述如下：

(1) 配置 CPU 状态寄存器 SR 中 SCG1、SCG0、OSCOFF 和 CPUOFF 这 4 个控制位来关闭系统时钟，使 MSP430 系列微处理器从活动模式进入相应的低功耗模式。

(2) 通过中断方式从各种低功耗模式回到活动模式。

表 8.2 MSP430 系列微处理器工作模式列表

工作模式	控制位	CPU 和时钟状态	唤醒中断源
活动模式 （AM）	SCG1=0 SCG0=0 OSCOFF=0 CPUOFF=0	CPU 活动，MCLK 活动， SMCLK 活动，ACLK 活动， DCO 可用，FLL 可用	定时器、ADC、DMA、UART、WDT、I/O、比较器、外部中断、RTC、串行通信、其他外设
低功耗模式 0 （LPM0）	SCG1=0 SCG0=0 OSCOFF=0 CPUOFF=1	CPU 禁止，MCLK 禁止， SMCLK 活动，ACLK 活动， DCO 可用，FLL 可用	定时器、ADC、DMA、UART、WDT、I/O、比较器、外部中断、RTC、串行通信、其他外设
低功耗模式 1 （LPM1）	SCG1=0 SCG0=1 OSCOFF=0 CPUOFF=1	CPU 禁止，MCLK 禁止， SMCLK 活动，ACLK 活动， DCO 可用，FLL 禁止	定时器、ADC、DMA、UART、WDT、I/O、比较器、外部中断、RTC、串行通信、其他外设

续表

工作模式	控制位	CPU 和时钟状态	唤醒中断源
低功耗模式 2 (LPM2)	SCG1=1 SCG0=0 OSCOFF=0 CPUOFF=1	CPU 禁止, MCLK 禁止, SMCLK 禁止, ACLK 活动, DCO 可用, FLL 禁止	定时器、ADC、DMA、UART、WDT、I/O、比较器、外部中断、RTC、串行通信、其他外设
低功耗模式 3 (LPM3)	SCG1=1 SCG0=1 OSCOFF=0 CPUOFF=1	CPU 禁止, MCLK 禁止, SMCLK 禁止, ACLK 活动, DCO 可用, FLL 禁止	定时器、ADC、DMA、UART、WDT、I/O、比较器、外部中断、RTC、串行通信、其他外设
低功耗模式 3.5 (LPM3.5)	SCG1=1 SCG0=1 OSCOFF=1 CPUOFF=1	当 PMMREGOFF=1 时, 无 RAM 保持, RTC 可以启用（仅限 MSP5XX）	复位信号、外部中断、RTC
低功耗模式 4 (LPM4)	SCG1=1 SCG0=1 OSCOFF=1 CPUOFF=1	CPU 禁止, 所有时钟禁止	复位信号、外部中断
低功耗模式 4.5 (LPM4.5)	SCG1=1 SCG0=1 OSCOFF=1 CPUOFF=1	当 PMMREGOFF=1 时, 无 RAM 保持, RTC 禁止（仅限 MSP5XX）	复位信号、外部中断

8.2 定时器 A(Timer_A)模块

定时器是基于系统时钟进行定时的。MSP430 系列微处理器定时器模块可以用来实现定时控制、延时、频率测量、脉宽测量及信号产生等。MSP430 系列微处理器定时器资源包括:定时器 A(Timer_A)、定时器 B(Timer_B)、实时时钟(RTC)、看门狗定时器(WDT)等。应用中可根据需要选择合适的定时器模块,具体功能如下。

(1) 看门狗定时器(WDT):基本定时,当程序发生错误时执行一个受控的系统重启动。

(2) 定时器 A(Timer_A):基本定时,支持软件和各种外围模块工作在低频率、低功耗条件下。

(3) 定时器 B(Timer_B):基本定时,功能基本同定时器 A,但比定时器 A 灵活,功能更强大。

(4) 实时时钟(RTC):基本定时和日历功能。

8.2.1 功能和特性

MSP430 系列微处理器都带有一个 16 位定时器/计数器 Timer_A(简称 TA)模块,具有高达 7 位的捕获/比较寄存器和丰富的中断能力。该模块支持多路捕获/比较,可以精确定时、计时或计数以及 PWM 输出,而且当定时时间到达或满足捕获/比较条件时,可触发定时器 A 中断。

16 位定时器 A 的结构框图如图 8.12 所示,主要分为两个部分,即主计数器和捕获/比较模块。Timer_A 的特性包括:

(1) 4 种工作模式(停止、增计数、连续计数和增减计数模式)的异步 16 位定时/计数器;

(2) 可选择配置的参考时钟源;

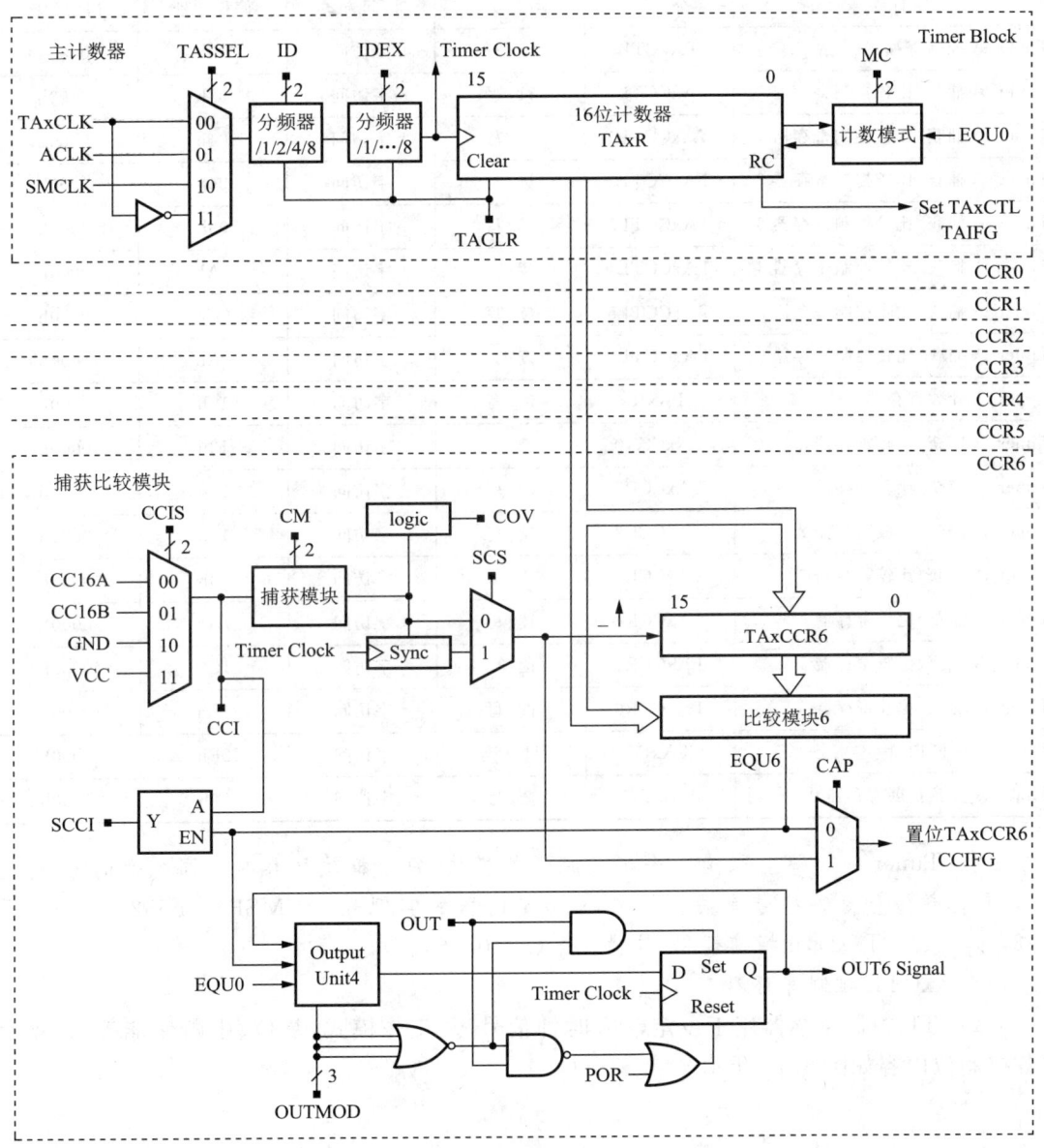

图 8.12 定时器 A 结构框图

(3) 7个可配置的捕获/比较寄存器;

(4) 可配置的PWM输出;

(5) 异步输入和输出锁存;

(6) 具有可对Timer_A中断快速响应的中断向量寄存器。

8.2.2 寄存器

定时器A(Timer_A)的主要寄存器有TAxCTL、TAxCCTLn、TAxR、TAxCCRn、TAxIV、TAxEX0。详细列表见表8.3。

表8.3 Timer_A寄存器列表(基址为0340h)

寄存器	缩写	读/写类型	访问方式	偏移地址	初始状态
Timer_A控制寄存器	TAxCTL	读/写	字访问	00h	0000h
Timer_A捕获/比较控制寄存器0	TAxCCTL0	读/写	字访问	02h	0000h
Timer_A捕获/比较控制寄存器1	TAxCCTL1	读/写	字访问	04h	0000h
Timer_A捕获/比较控制寄存器2	TAxCCTL2	读/写	字访问	06h	0000h
Timer_A捕获/比较控制寄存器3	TAxCCTL3	读/写	字访问	08h	0000h
Timer_A捕获/比较控制寄存器4	TAxCCTL4	读/写	字访问	0Ah	0000h
Timer_A捕获/比较控制寄存器5	TAxCCTL5	读/写	字访问	0Ch	0000h
Timer_A捕获/比较控制寄存器6	TAxCCTL6	读/写	字访问	0Eh	0000h
Timer_A计数寄存器	TAxR	读/写	字访问	10h	0000h
Timer_A捕获/比较寄存器0	TAxCCR0	读/写	字访问	12h	0000h
Timer_A捕获/比较寄存器1	TAxCCR1	读/写	字访问	14h	0000h
Timer_A捕获/比较寄存器2	TAxCCR2	读/写	字访问	16h	0000h
Timer_A捕获/比较寄存器3	TAxCCR3	读/写	字访问	18h	0000h
Timer_A捕获/比较寄存器4	TAxCCR4	读/写	字访问	1Ah	0000h
Timer_A捕获/比较寄存器5	TAxCCR5	读/写	字访问	1Ch	0000h
Timer_A捕获/比较寄存器6	TAxCCR6	读/写	字访问	1Eh	0000h
Timer_A中断向量	TAxIV	只读	字访问	2Eh	0000h
Timer_A分频扩展寄存器0	TAxEX0	读/写	字访问	20h	0000h

注意:Timer_A定时器具有多个形式相近的模块,每个模块又具有不同个数的捕获/比较器,具体数目与具体型号有关。其中,x指定时器的实例号(如MSP430F5529实例号是0~2,即TA0~TA2),n指捕捉/比较模块号(n=0~6)。

1) TAxCTL控制寄存器

TAxCTL控制寄存器用于设定输入时钟信号源、工作模式、复位、中断使能等,该寄存器各控制位内容如图8.13所示。

15～10	9	8	7	6	5	4	3	2	1	0
未用	TASSEL：时钟源的选择。00—TACLK,使用外部引脚信号作为输入；01—ACLK,辅助时钟；10—SMCLK,子系统主时钟；11—INCLK,外部输入时钟		ID：时钟源的分频选择,之后时钟可以使用TAxEX0寄存器的IDEx域控制进行1,2,3,4,5,6,7,8分频。00—不分频；01—2分频；10—4分频；11—8分频		MC：工作模式的选择。00—停止模式,用于定时器的暂停；01—增计数模式,计数器计数到TAxCCR0,再清零计数；10—连续计数模式,计数器增计数到0xFFFFH,再清零计数；11—增/减计数模式,增计数到TAxCCR0,再减计数到0		未用	TACLR：定时器清除控制位。置位该控制位,将清除定时计数器TAxR、定时器分频器和定时器计数方向。该控制位可自动复位	TAIE：定时器中断允许位。0—中断禁止；1—中断使能	TAIFG：定时器中断标志位。0—没有中断被挂起；1—中断被挂起

图 8.13　TAxTL 控制寄存器各控制位的内容

注意：对 TAxCTL 进行模式设置的同时也开启定时器,如果要停止定时器,则给 TACTL 赋值 MC_0。

2) TAxR 寄存器

TAxR 寄存器是 Timer_A 的 16 位计数寄存器。它是执行计数的单元,是计数器的主体。该寄存器的内容如图 8.14 所示。

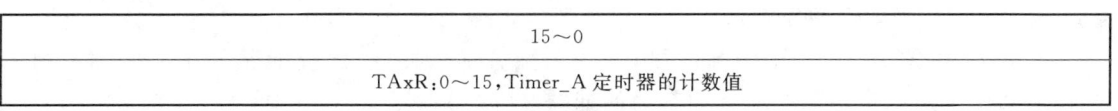

图 8.14　TAxR 寄存器的内容

3) TAxCCTLn 寄存器

TAxCCTLn 寄存器是 Timer_A 的捕获/比较控制寄存器。该寄存器内容如图 8.15 所示。

注意：① 通过软件切换 CM 控制位可以产生上升沿或下降沿,相当于软件触发捕获。

② COV 标志位为 1 说明前一次的捕获值尚未被读取,新的捕获条件已经发生,应该舍去或调整。该标志位必须通过软件清除。

4) TAxCCRn 捕获/比较寄存器

该寄存器可读可写,其中 TAxCCR0 经常用作周期寄存器。

捕获模式下,TAxCCRn 捕获了计数值寄存器 TAxR 值时执行置位操作(置位中断标志位 CCIFG);比较模式下计数值寄存器 TAxR 值等于寄存器 TAxCCRn 值时执行置位操作(置位中断标志位 CCIFG,并自动改变定时器输出引脚的输出电平)。

15/14	13/12	11	10	9	8	7/6/5	4	3	2	1	0
CM：选择捕获模式。00—禁止捕获模式；01—上升沿捕获；10—下降沿捕获；11—上升沿与下降沿都捕获	CCIS：捕获事件输入源。00—选择CCIxA；01—选择CCIxB；10—选择GND；11—选择V_{CC}	SCS：选择捕获信号与定时器时钟同步、异步关系。0—异步捕获；1—同步捕获（实际中经常使用同步模式，捕获总是有效的）	SCCI：同步捕获/比较输入控制位。可读取被EQUx信号锁存的CCI输入信号	未用	CAP：比较/捕获模式选择控制位。0—比较模式；1—捕获模式	OUTMOD：选择输出模式。000—电平输出；001—置位；010—取反/复位；011—置位/复位；100—取反；101—复位；110—取反/置位；111—复位/置位	CCIE：比较/捕获模块中断允许位。0—禁止中断；1—允许中断	CCI：比较/捕获模块的输入标志位。可读取选择的输入信号	OUT：输出信号（如果OUTMOD选择输出模式0，则该位对应于输入状态）。0—输出低电平；1—输出高电平	COV：捕获溢出标志。0—没有捕获溢出产生；1—发生捕获溢出。当CAP=0时，选择比较模式，捕获信号发生复位，没有使COV置位的捕获事件。当CAP=1时，选择捕获模式	CCIFG：捕获比较中断标志。0—没有中断被挂起；1—中断被挂起

图 8.15 TAxCCTLn 寄存器的内容

在捕获模式，当满足捕获条件，捕获电路会自动将 TAxR 的数据写入相应的 TAxCCRn 寄存器中。例如，如果测量某窄脉冲（高电平）的脉冲长度，则可定义上升沿和下降沿都捕获。在上升沿时，捕获一次数据，这个数据在捕获寄存器中读出，再等待下降沿到来。在下降沿时，又捕获一次数据。这两次捕获的定时器数据差就是窄脉冲的高电平宽度。

5）TAxIV 中断向量寄存器

Timer_A 模块使用两个中断向量，一个单独分配给捕获/比较寄存器 TAxCCR0，另一个作为共用中断向量用于定时器和其他的捕获/比较寄存器。

捕获/比较寄存器 TAxCCR0 的中断向量具有最高的优先级，因为 TAxCCR0 能用于定义增计数和增/减计数模式的周期。CCIFG0 在被中断服务时能自动复位。

TAxCCR1～TAxCCRn 和定时器共用另一个中断向量，属于多源中断，对应的中断标志 CCIFG1～CCIFGn 和 TAIFG1 在读中断向量字 TAxIV 后自动复位。如果不访问 TAxIV 寄存器，则不能自动复位，必须用软件清除。Timer_A 中断向量寄存器配置及中断向量列表如图 8.16 和表 8.4 所示。

15～4	3～1	0
0～0	TAxIV	0

图 8.16 Timer_A 中断向量寄存器配置

表 8.4 中断向量列表

中断优先级	中断源	缩写	TAxIV 的值
最高	捕获/比较器 1 捕获/比较器 2 ⋮ 捕获/比较器 6	TAxCCR1 CCIFG TAxCCR2 CCIFG TAxCCRn CCIFG	02H 04H 0CH
最低	定时器溢出 没有中断将挂起	TAIFG	0EH 00H

8.2.3 工作模式

1) 停止模式

设置 MCx=00,用于定时器暂停,且不发生复位,所有寄存器现行的内容在停止模式结束后都可用。

注意:当定时器暂停后重新计数时,计数器将从暂停时的值开始以暂停前的计数方向计数。

2) 增计数模式

设置 MCx=01,主定时器将工作在增计数模式下。

如图 8.17 所示,TAxCCR0 的数值定义了定时的周期,当 TAxR 的值与 TAxCCR0 的预设值相等时,TAxR 被迫清零。

注意:由于 TAxCCR0 为 16 位寄存器,所以在该模式下定时器 A 连续计数值应小于 0FFFFh;与连续计数不同的是,比较寄存器 TAxCCR0 可以提前将 TAxR 寄存器清零。

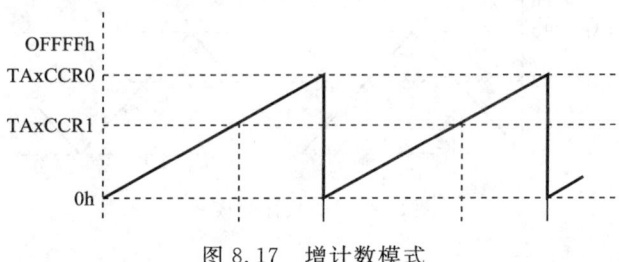

图 8.17 增计数模式

在增计数模式下,中断标志位设置过程如图 8.18 所示。当定时器计数到 TAxCCR0 时,置位 Timer_A CCR0 中断标志位 CCIFG;当定时器从 TAxCCR0 计数到 0 时,置位 Timer_A 中断标志位 TAIFG。

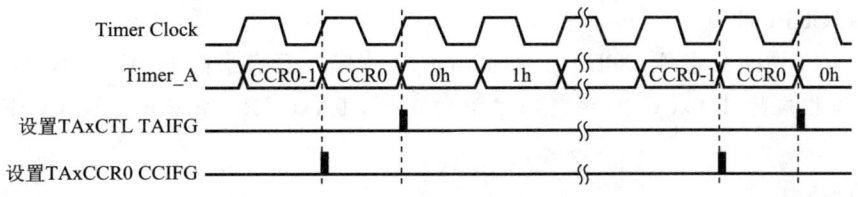

图 8.18 增计数模式下中断标志位设置过程

3）连续计数模式

设置 MCx=10,主定时器将工作在连续计数模式下。

TAR 寄存器最大值为 65 535（即 0FFFFh），计满则清零。如图 8.19 所示，时钟的周期仅由时钟源的频率决定，频率越高，则越快计数至 65 535，即周期越短。

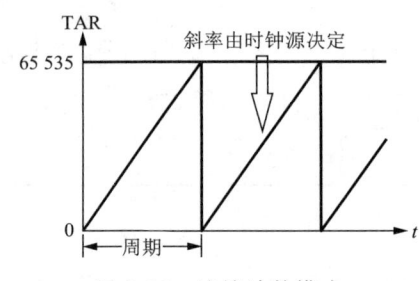

图 8.19　连续计数模式

当定时器从 0FFFFh 计数到 0 时，置位 Timer_A 中断标志位 TAIFG。在连续计数模式下的中断标志位设置过程如图 8.20 所示。

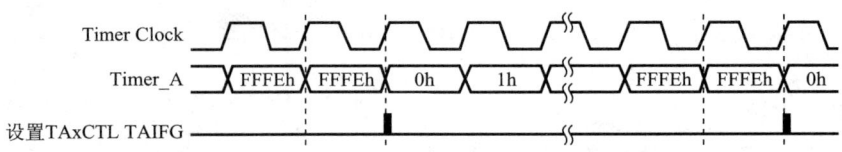

图 8.20　连续计数模式下的中断标志位设置过程

4）增减计数模式

设置 MCx=11，TAxR 从 0 增加到 TAxCCR0，再从 TAxCCR0 减到 0。

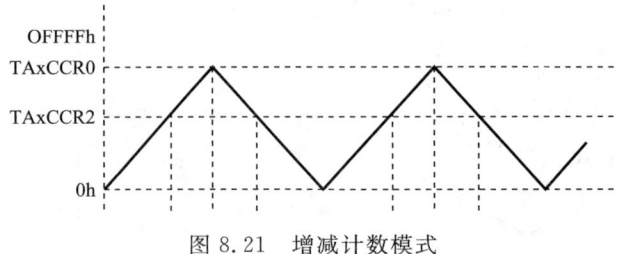

图 8.21　增减计数模式

8.2.4　Timer_A 中断

16 位定时器 Timer_A(TAx)具有两种中断：捕获/比较寄存器 TAxCCR0 的 CCIFG0 中断和捕获/比较寄存器 TAxCCRn(n=1,2,…,6)的 TAxIV 中断。

1）TAxCCR0 中断

TAxCCR0 中断标志位 CCIFG0 在 Timer_A 中断中具有最高的中断优先级。

注意：当相应的 TAxCCR0 中断请求被响应后，TAxCCR0 中断标志位 CCIFG0 自动复位。

2）TAxIV 中断

TAxIV 中断主要包括 TAxCCRn 的中断标志位 CCIFGn 和 TAxIFG 的中断。中断向量寄存器 TAxIV 可用来判断当前被挂起的 Timer_A 中断,然后查找中断向量表得到中断服务程序的入口地址,并将其添加到程序计数器中,之后程序将自动转入中断服务程序。

注意: 操作定时器相关寄存器前应当先停止定时器(中断使能、中断标志、TAxCLR 例外),以避免产生错误的运行结果。对 TAxIV 中断向量寄存器的访问、读写操作都会自动重置最高挂起的中断标志位,若多个中断同时发生,则中断会按优先级顺序依次执行,否则需要软件清除中断标志位。禁用定时器 Timer_A 中断时不会对 TAxIV 的值产生影响。

8.3 模/数转换器(ADC)模块

模/数转换器(Analogue-to-Digital Conversion,ADC)模块是将真实世界中连续的模拟信号转换为离散的,更容易储存、处理和发射的数字信号,其功能如图 8.22 所示。MSP430 系列微处理器大都配备一个模/数转换器(ADC)模块。

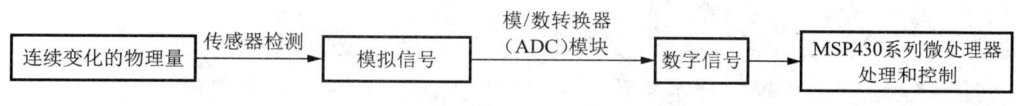

图 8.22 模/数转换器(ADC)模块的功能

8.3.1 ADC 模块的性能指标

在 A/D 转换中,因为输入的模拟信号在时间上是连续的,而输出的数字信号是离散量,所以进行转换时只能按一定的时间间隔对输入的模拟信号进行采样,然后把采样值转换为输出的数字量。因此,A/D 转换需要经过采样、保持量化、编码几个步骤(图 8.23),其主要性能指标如下。

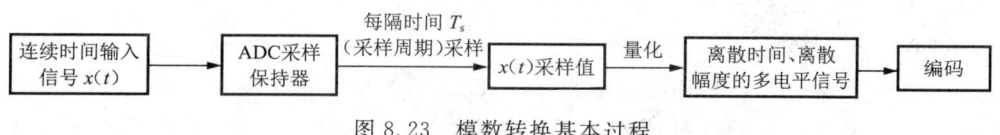

图 8.23 模数转换基本过程

1) ADC 的位数

ADC 的位数为 ADC 模块采样转换后输出代码的位数。例如,一个 8 位的 ADC 模块,采样转换后的代码即 8 位,表示数值的取值范围为 0~255。

2) 分辨率

分辨率表示输出数字信号变化到一个相邻数码所需输入模拟电压的变化量,它定义为转换器的满刻度电压与 2^n 的比值,其中 n 为 ADC 的位数。分辨率代表了 ADC 模块对输入信号的分辨能力。一般来说,ADC 模块位数越高,数据采集的精度就越高。例如,一个 8 位 ADC 模块的分辨率为满刻度电压的 1/256。如果满刻度输入电压为 5 V,则该 ADC 模块的分辨率为 5 V/256=20 mV。

3) 量化误差

量化误差是指用有限数字对模拟数值进行离散取值(量化)而引起的误差。因此,量化误差理论上为一个单位分辨率，即 1/2 LSB。量化误差是无法消除的，但是通过提高分辨率可以减少量化误差。

4）采样周期

采样周期是每两次采样之间的时间间隔。采样周期包括采样保持时间和转换时间。采样保持时间是指 ADC 模块完成一次采样和保持的时间，转换时间是指 ADC 模块完成一次模数转换所需要的时间。

5）采样频率

采样频率也称为采样速率或者采样率，定义为每秒从连续信号中提取并组成离散信号的采样个数，单位为赫兹(Hz)。采样频率的倒数是采样周期。根据采样定理，在进行模数信号转换的过程中，当采样频率 $f_{s.max}$ 大于或等于信号中最高频率分量 f_{max} 的 2 倍（即 $f_{s.max} \geqslant 2f_{max}$）时，采样之后的数字信号能保留原始信号中的信息。在一般应用中，采样频率应为被采样信号中最高频率的 5～10 倍。

8.3.2 ADC12 模块的主要性能

这里以 MSP430F5529 芯片为例进行介绍。该芯片为 12 位 ADC 模块，采用逐次逼近式 ADC 转换器。它将一个模拟样本转化为 12 位数字信号表示，表示数值的范围为 0～4 095。ADC12 模块的分辨率为满刻度电压的 1/4 096，即如果满刻度输入电压为 3.3 V，则该 ADC12 模块的分辨率为 3.3 V/4 096＝0.8 mV。在 ADC12 模块中，采样保持时间通过控制寄存器进行设置，而转换时间一般需要 13 个 ADCCLK 的时间。

8.3.3 ADC12 模块的结构和特性

1）ADC12 模块的结构

ADC12 模块的结构如图 8.24 所示，主要组成部分为内部电压参考源、ADC12 内核、时钟源部分、采集与保持部分、数据输出部分、控制寄存器。

2）ADC12 模块的特性

(1) 具有高达 200 ksps(kilo samples per second)的最大转换率。

(2) 具有采样周期可由软件或定时器编程控制的采样保持功能，用软件或定时器可以启动转换。

(3) 可通过软件选择片内参考电压(MSP430F54XX 为 1.5 V 或 2.5 V，其他芯片为 1.5 V、2.0 V 或 2.5 V。注意此处只限 MSP430F5XX/6XX 系列单片机)，可通过软件选择内部或外部参考电压。正或负参考电压通道可独立选择。

(4) 高达 12 路可单独配置的外部输入通道，可为内部温度传感器、AVCC 和外部参考电压分配转换通道。

(5) 可选择转换时钟源。

(6) 具有单通道单次、单通道多次、序列通道单次和序列通道多次的转换模式。

(7) ADC 内核和参考电压都可独立关闭。具有 18 路快速响应的 ADC 中断。

(8) 具有 16 个 12 位转换结果存储寄存器(ADC12MEMx)。

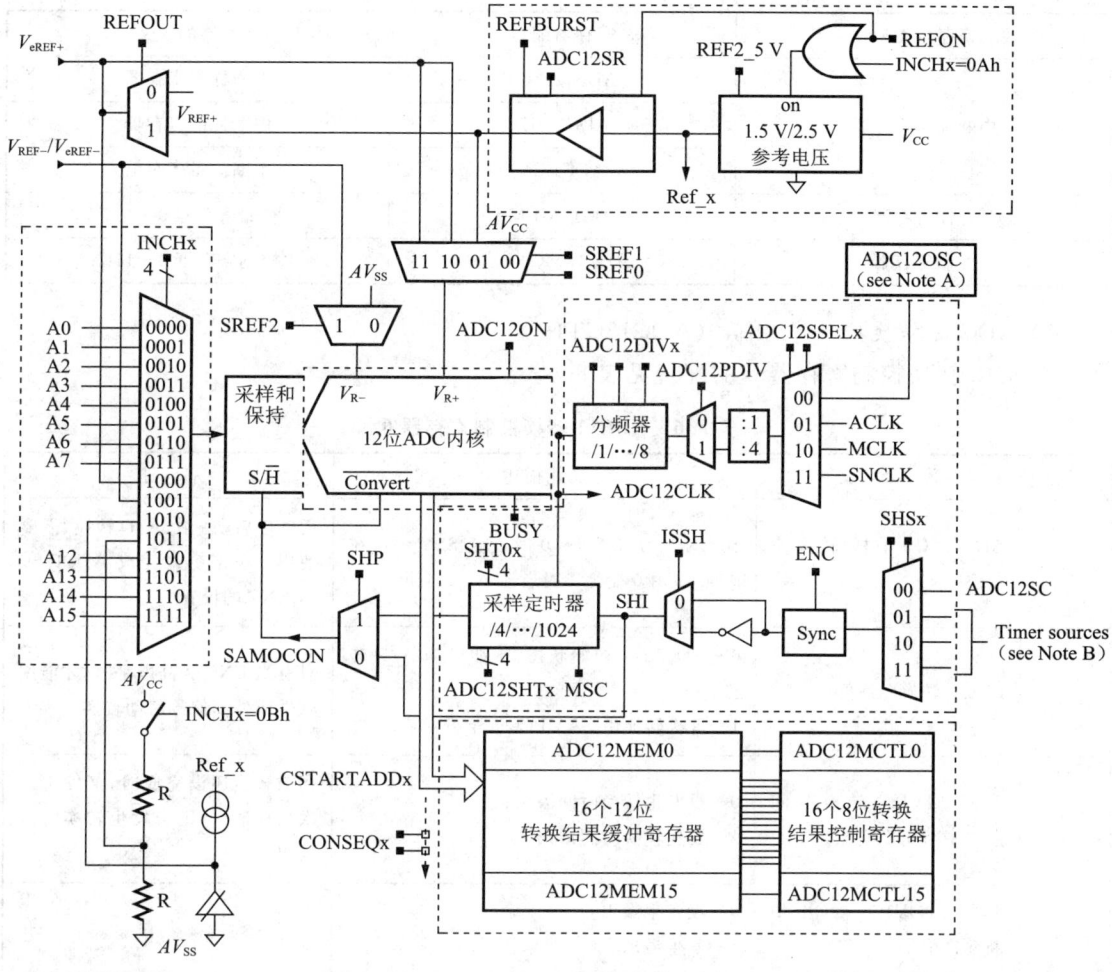

图 8.24 ADC12 模块结构框图

8.3.4 寄存器

ADC12 模块的主要寄存器有 ADC12CTLx(转换控制寄存器)、ADC12MEMx(存储寄存器)、ADC12IFGx(中断标志寄存器)、ADC12IE(中断使能寄存器)、ADC12IV(中断向量寄存器)和 ADC12MCTLx(控制寄存器),见表 8.5,可根据实际需要灵活配置各个控制位。其中,x＝0～15。

表 8.5 ADC12 模块寄存器列表(基址为 0700h)

寄存器类型	寄存器缩写	寄存器的含义
转换控制寄存器	ADC12CTL0	转换控制寄存器 0
	ADC12CTL1	转换控制寄存器 1

续表

寄存器类型	寄存器缩写	寄存器的含义
中断控制寄存器	ADC12IFGx	中断标志寄存器
	ADC12IEx	中断使能寄存器
	ADC12IV	中断向量寄存器
存储寄存器	ADC12MEMx	存储寄存器0～15
控制寄存器	ADC12MCTLx	控制寄存器0～15

1) ADC12 转换控制寄存器 0(ADC12CTL0)

ADC12 转换控制寄存器 0 的配置见表 8.6。

表 8.6 ADC12 转换控制寄存器 0

位	代号及含义	功能描述	备 注
0	ADC12SC—采样/转换控制位	在 ENC=1,ISSH=0 时设置 SHP=1,在 ADC12 由 0 变为 1 时启动 A/D 转换	用软件启动一次 A/D 转换,需要使用一条指令来完成 ADC12SC 与 ENC 的设置
1	ENC—转换允许位	0—ADC12 为初始状态,不能启动 A/D 转换; 1—首次转换由 SAMPCON 上升沿启动	只有当 ENC 为高电平时,才能用软件或外部信号启动转换
2	ADC12TVIE—转换时间溢出中断允许位	0—没发生转换时间溢出; 1—发生转换时间溢出	当前转换还没完成时,又发生一次采样请求,则会发生转换时间溢出
3	ADC12TOVIE—溢出中断允许位	0—没发生溢出; 1—发生溢出	
4	ADC12ON—ADC12 内核控制位	0—关闭 ADC12 内核; 1—打开 ADC12 内核	
5	REFON—参考电压控制位	0—内部参考电压发生器关闭; 1—内部参考电压发生器打开	
6	2.5 V—内部参考电压值选择位	0—选择 1.5 V 内部参考电压; 1—选择 2.5 V 内部参考电压	
7	MSC—多次采样/转换位	在 SHP=1,MSC=0 时,每次转换需要 SHI 信号的上升沿触发采集定时器; 在 CONSQ≠0,MSC=1 时,仅首次转换同 SHI 信号的上升沿触发采样定时器,而后采样转换将在一次转换完成立即进行	CONSQ≠0 表示当前模式不是单通道单次转换
8～11	SHT0—采样保持定时器 0	定义了每通道转换结果中的转换时序与采样时钟 ADC12CLK 的关系	
12～15	SHT1—采样保持定时器 1		

2）ADC12 转换控制寄存器 1（ADC12CTL1）

ADC12 转换控制寄存器 1 的配置见表 8.7。

表 8.7　ADC12 转换控制寄存器 1

位	代号及含义	功能描述	备注
0	ADC12BUSY—ADC12 忙标志位	0—没有活动的操作； 1—ADC12 正处于采样期间、转换期间或序列转换期间	只用于单通道单次转换模式，在其他转换模式下，该位无效
1～2	CONSEQ—转换模式选择位	00—单通道单次转换模式； 01—序列通道单次转换模式； 10—单通道多次转换模式； 11—序列通道多次转换模式	
3～4	ADC12SSEL—ADC12 内核时钟源选择位	00—ADC12OSC（ADC12 内部时钟源） 01—ACLK（辅助时钟） 10—MCLK（系统主时钟） 11—SMCLK（系统子时钟）	
5～7	ADC12DIV—分频因子选择位	分频因子为 3 位二进制数加 1	
8	ISSH—采样输入信号方向控制位	0—采样输入信号为同向输入； 1—采样输入信号为反向输入	
9	SHP—采样信号（SAMPCON）选择控制位	0—SAMPCON 源自采样触发输入信号； 1—SAMPCON 源自采样定时器，由采样输入信号的上升沿触发采样定时器	
10～11	SHS—采样触发输入源选择位	00—ADC12SC； 01—Timer_A.OUT1； 10—Timer_B.OUT0； 11—Timer_B.OUT1	
12～15	CSSTARTADD—转换存储器地址位	该 4 位所表示的二进制数 0～15 分别对应 ADC12MEM0～15	可以定义单次转换地址或序列转换的首地址

3）ADC12 控制寄存器（ADC12MCTLx）

ADC12 控制寄存器的配置见表 8.8。

表 8.8　ADC12 控制寄存器

位	0～3	4～6	7
代号及含义	INCH—模拟输入通道选择位	SREF—参考电压源选择位	EOS—序列结束控制位

续表

位	0～3	4～6	7
功能描述	0000～0111—A0～A7; 1000—V_{eREF+}; 1001—V_{REF-}/V_{eREF-}; 1010—片内温度传感器的输出; 1011～1111—$(AV_{CC}-AV_{SS})/2$	000—$V_{r+}=AV_{CC}$, $V_{r-}=AV_{SS}$; 001—$V_{r+}=V_{REF+}$, $V_{r-}=AV_{SS}$; 010—$V_{r+}=VE_{REF+}$, $V_{r-}=AV_{SS}$; 011—$V_{r+}=AV_{CC}$, $V_{r-}=V_{REF-}/VE_{REF-}$; 100—$V_{r+}=V_{REF+}$, $V_{r-}=V_{REF-}/VE_{REF-}$; 101—$V_{r+}=VE_{REF+}$, $V_{r-}=V_{REF-}/VE_{REF-}$	0—序列没有结束; 1—该序列中最后一次转换
备注			

4) ADC12MEM0～ADC12MEM15 存储寄存器

该组寄存器均为 16 位寄存器，用来存放 A/D 转换结果。通常只用其中低 12 位，高 4 位在读出时为 0。

5) 中断控制寄存器

相关中断控制寄存器见表 8.9。

表 8.9 相关中断控制寄存器

寄存器名称	缩写	功能描述
中断标志寄存器	ADC12IFGx	ADC12IFGx=1,转换结束,并且转换结果已经装入转换寄存器; ADC12IFGx=0,ADC12MEMx 被访问
中断使能寄存器	ADC12IEx	ADC12IEx=1,允许相应的中断标志 ADC12IFGx 在置位时发生的中断请求服务; ADC12IEx=0,禁止相应的中断标志 ADC12IFGx 在置位时发生的中断请求服务
中断向量寄存器	ADC12IV	ADC12 是一个多源中断,有 18 个中断标志（ADC12IFG0～ADC12IFG15、ADC12TOV、ADC12OV）,但共用一个中断向量

8.3.5 采样触发信号和保持模式

1) 采样触发信号

采样保持是由采样定时器触发信号 SHI 引起的。SHI 信号由 ADC12CTL1 控制寄存器的 ADC12SHS 控制位配置，有 4 个选择：ADC12OSC（默认）、TIMERA.OUT1、TIMERB.OUT0、TIMERB.OUT1。

2) 采样保持模式

采样保持模式由 ADC12CTL1 控制寄存器的 ADC12SHP 位控制。ADC12SHP=0 时是扩展模式，ADC12SHP=1 时是脉冲模式。

(1) 扩展模式。

SHI 信号为上升沿时开始采样，上升沿后的高电平时间即采样时间。SHI 信号为下降沿时进行采样结果转换，转换一般需要 13 个 ADC12CLK。

（2）脉冲模式。

SHI 信号触发采样定时器。采样定时器由 ADC12CTL0 的 ADC12SHT0 和 ADC12SHT1 配置。在采样定时器时间内进行采样，采样后立即进行采样结果转换。

8.3.6 转换模式

ADC12 模块有 4 种转换模式：单通道单次采样、多通道单次采样、单通道循环采样、多通道循环采样。通过 ADC12CTL1 控制寄存器的 CONSEQx（x＝0～15）控制位进行转换模式选择。具体转换模式说明见表 8.10。

表 8.10 各种转换模式说明列表

ADC12CONSEQx	转换模式	操作说明
00	单通道单次转换	一个单通道转换一次
01	序列通道单次转换	一个序列多个通道转换一次
10	单通道多次转换	一个单通道重复转换
11	序列通道多次转换	一个序列多个通道重复转换

8.3.7 ADC12 模块中断

（1）ADC12 模块有 18 个中断源，即 ADC12IFGx（x＝0～15）、溢出中断源 ADC12OV 和 ADC12TOV，它们共用一个中断向量。其中：

① 当 ADC12MEMx（x＝0～15）存入转换结果时，相应的 ADC12IFGx（x＝0～15）位被置位，相应的 ADC12IEx（x＝0～15）位和 GIE 位也被置位并产生中断请求；当 ADC12MEMx（x＝0～15）内容被读取后，自动复位，也可用软件复位。

② ADC12OV：当旧的转换结果没有读出，新的转换结果又被写入 ADC12MEMx（x＝0～15）时，置位。

③ ADC12TOV：当前转化过程没有完成，又发生新的转换请求时，置位。

（2）ADC12 中断是可屏蔽中断类型，中断向量地址为 0FFECh，中断标志位有 ADC12IFGx（x＝0～15）和 ADC12IV。

（3）当中断请求被允许，12 位 ADC12 模块的任何一个采样通道采样结束时，程序都会执行 ADC12 中断服务程序。在 ADC12 中断服务程序中查询相应的标志位来判断采样结束时发生中断的通道。

第 9 章 TEB-CM5500-UPC 开发系统资源概述

MSP430 系列微处理器所采用的 TEB-CM5500-UPC 开发系统是基于 TI MSP430F5529-LaunchPad 开发板的,如图 9.1 所示。TEB-CM5500-UPC 开发系统包括核心板和扩展板。核心板片内资源如图 9.1 所示,扩展板正面与背面的片外资源如图 9.2(a)和(b)所示。该开发系统的扩展板集成了信号输入/输出接口、用户 LED 灯与按键、蜂鸣器、电子纸屏幕(电子墨水屏)、温度传感器、模拟滤波器、音频功放、DAC、SD 卡座、耳机插座等模块,扩展了 MSP430F5529LaunchPad 开发板的实验内容与应用领域。学生完成基础实验项目的同时,可以开展温度测量、音频播放、录音回放等综合实验项目。

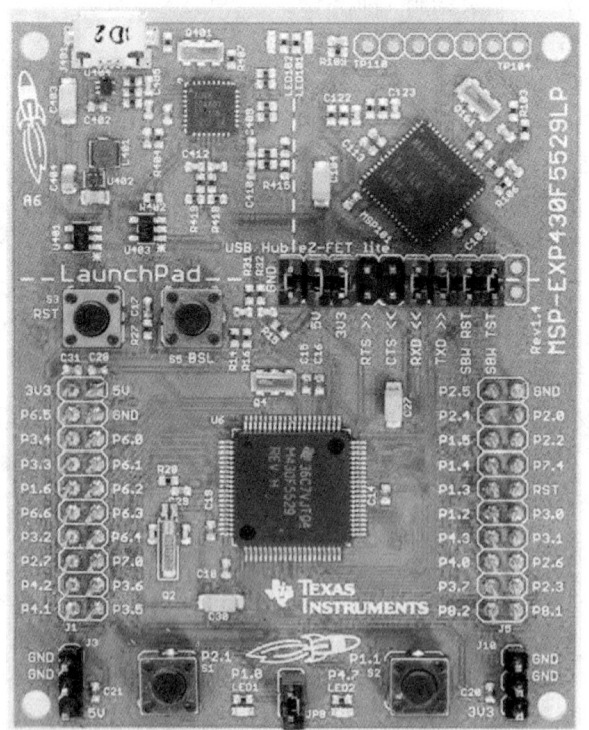

MSP430F5529
核心板

图 9.1　MSP430F5529 核心板

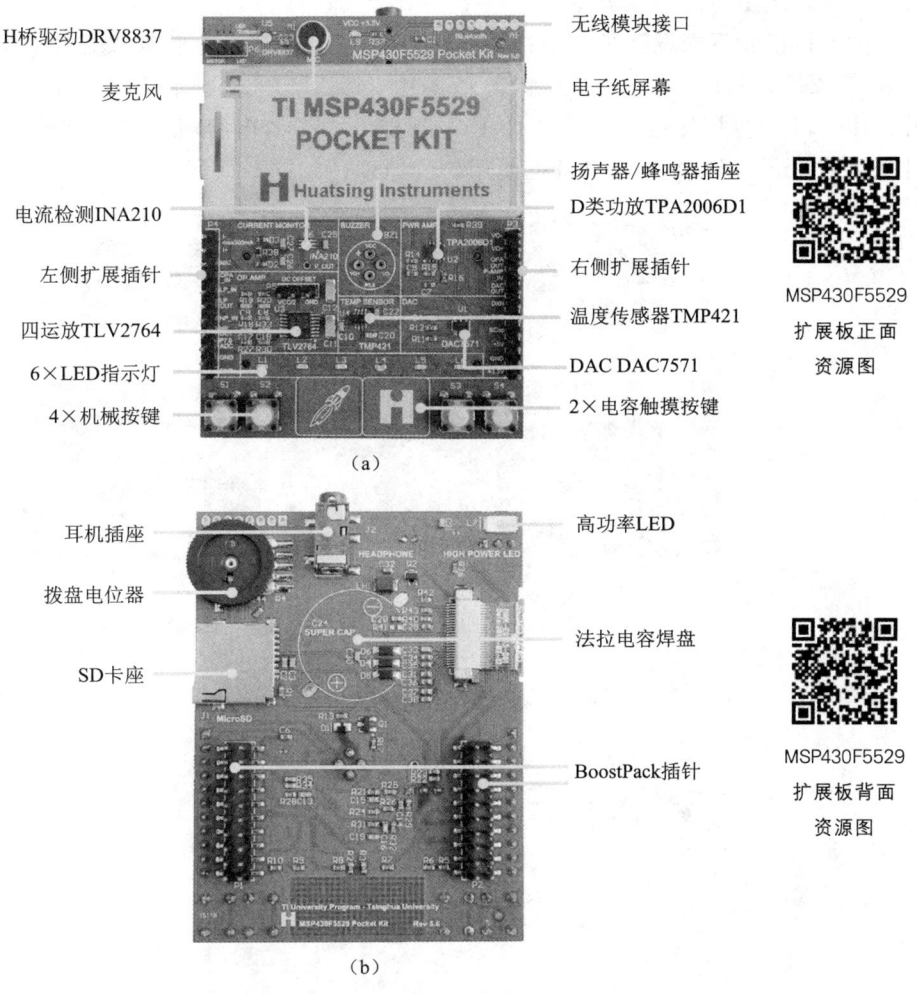

图 9.2 MSP430F5529 扩展板正面(a)与背面(b)资源图

9.1 常用输入输出模块

9.1.1 LED 模块

核心板正面设置了 2 个 LED 指示灯(LED1 和 LED2,如图 9.3a 所示),分别由 P1.0 和 P4.7 控制,供用户编程调试使用。

扩展板正面设置了 6 个 LED 指示灯(L1~L6,如图 9.3b 所示),分别由 P8.1、P3.7、P7.4、P6.3、P6.4、P3.5 控制,供用户编程使用。其原理图如图 9.4 所示。

9.1.2 按键模块

核心板正面设置了 2 个按键(S1 和 S2,如图 9.3a 所示),分别由 P2.1 和 P1.1 控制,供用户编程调试使用。

扩展板正面下端设置了4个机械按键(S1~S4)与2个电容触摸按键(Pad1~Pad2),分别由P1.2、P1.3、P2.3、P2.6控制S1~S4,由P6.1和P6.0控制Pad1~Pad2,供用户编程使用。其中,4个机械按键(S1~S4,如图9.3b所示)、2个电容触摸按键(图9.3b所示下方中间的两个图形标志)可供用户编程使用。其原理图如图9.5所示。

(a) 核心板LED模块和按键模块

(b) 扩展板LED模块、按键模块和触摸按键2

图9.3 LED模块、按键模块和触摸按键

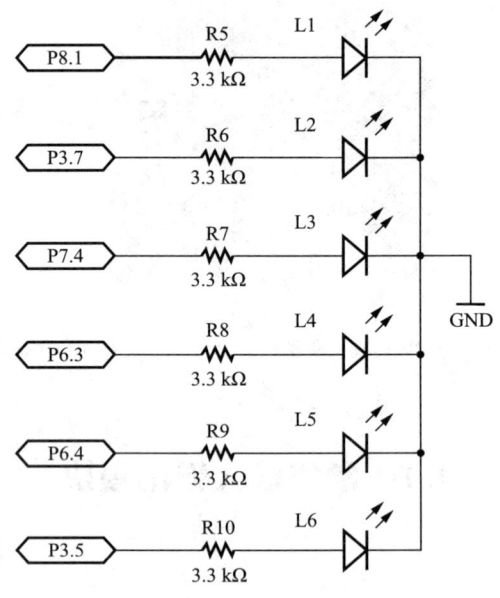

图9.4 LED模块原理图

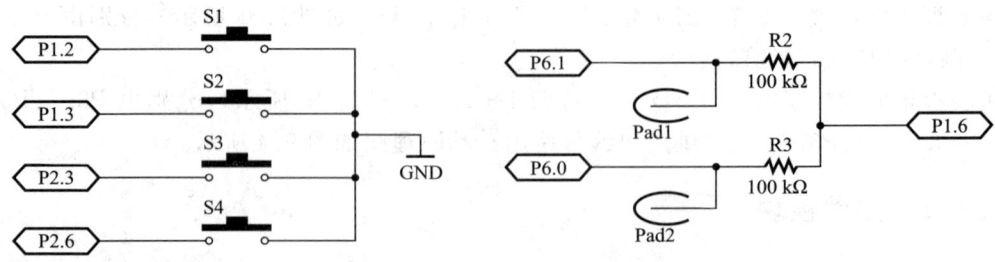

图9.5 机械按键与触摸按键原理图

9.1.3 电子纸显示屏(电子墨水屏)

扩展板正面上方是一块 2.1 in(1 in=25.4 mm)的电子纸屏幕(电子墨水屏),分辨率为 250 像素×122 像素,SPI 接口,如图 9.2(a)所示。电子纸屏幕模块原理图如图 9.6 所示,显示效果如图 9.7 所示。

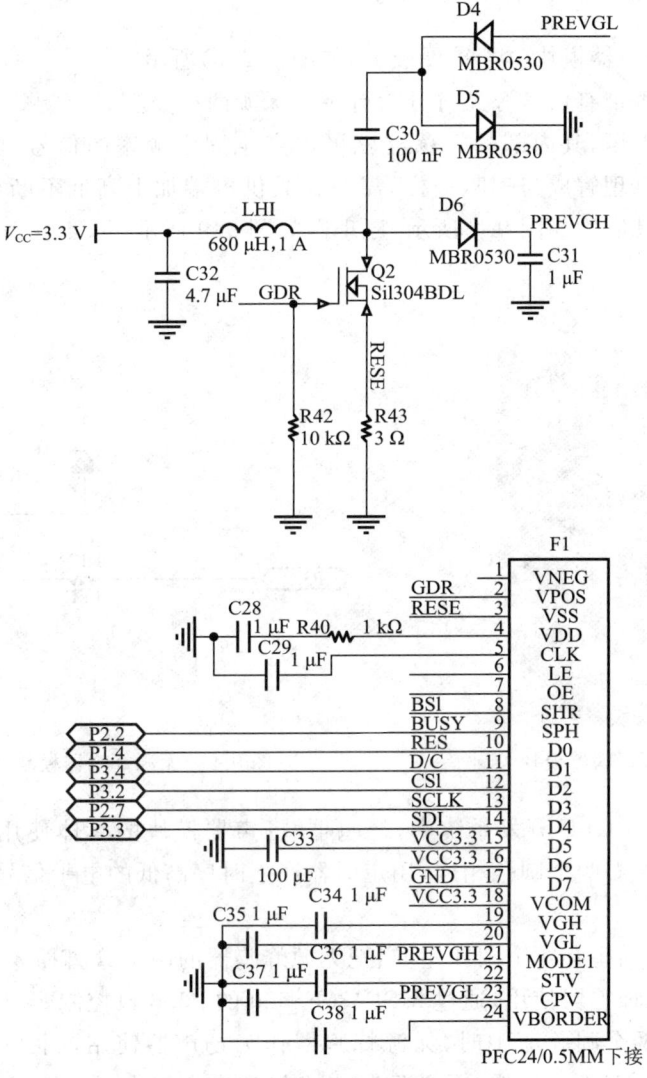

图 9.6 电子纸屏幕模块原理图

图 9.7 电子纸屏幕模块显示效果图

9.2 常用传感器模块

9.2.1 无源蜂鸣器/扬声器模块

无源蜂鸣器/扬声器模块位于扩展板上,如图9.2(a)所示。

蜂鸣器按其是否带有信号源又可分为有源和无源两种类型。有源蜂鸣器只需要在其供电端加上额定直流电压,其内部的振荡器就可以产生固定频率的信号,驱动蜂鸣器发出声音。无源蜂鸣器可以理解成与喇叭一样,需要在其供电端加上高低不断变化的电信号才可以驱动发出声音。其实物如图9.8所示,原理图如图9.9所示。

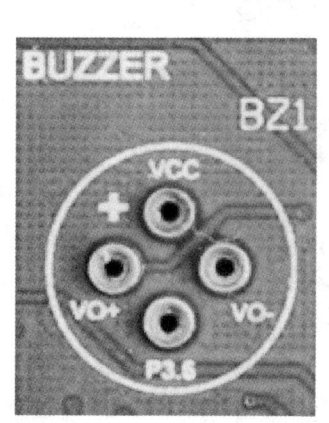

图9.8 无源蜂鸣器模块

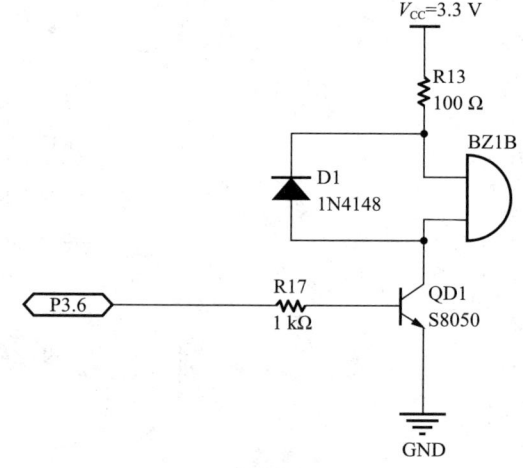

图9.9 无源蜂鸣器模块原理图

在TEB-CM5500-UPC开发系统中,蜂鸣器/扬声器模块的具体使用方法是:用跳线把图9.8中的上下或左右两个圆孔相连,用定时器产生时序高低的电平信号送入P3.6引脚实现对蜂鸣器的控制。

蜂鸣器/扬声器插座有4个圆孔座,当把无源蜂鸣器的两个管脚插入上下两个圆孔座中时,蜂鸣器作为无源蜂鸣器使用,通过MSP430F5529的P3.6口控制蜂鸣器的发声频率。当把蜂鸣器插入左右两个圆孔座中时,无源蜂鸣器作为扬声器使用,因此一定要选用低阻抗(比如16 Ω)的无源蜂鸣器,否则会因为阻抗太大导致声音很小。也可以将正规扬声器的两个引脚接入这两个圆孔座。左右两个圆孔座分别与右侧扩展接口P3.2(VO+)、P3.1(VO−)连通。

9.2.2 温度传感器模块

温度传感器模块位于扩展板上,如图9.2(a)所示。

TEB-CM5500-UPC开发系统中的温度传感器模块如图9.10所示。该模块是I^2C总线的双温区数字温度传感器芯片TMP421。该芯片能够测量本地(Local)温度(芯片端的温度)与远程(Remote)温度。测量远程温度时,需要将一段2个引脚等长的杜邦线一端连接在右侧扩展接口P3.6(DXN)与P3.7(DXP)上,另一端按一定规则连接一个指定型号(如C9012)的三极管,三极管端的温度即远程温度。其原理图如图9.11所示。

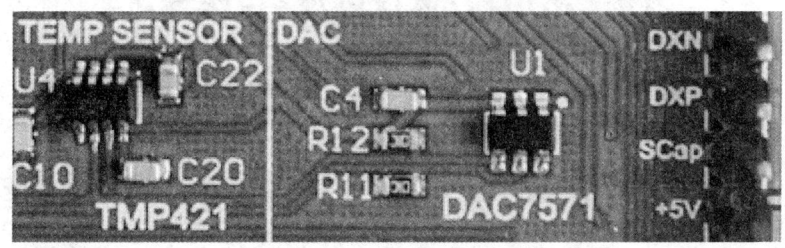

图 9.10　温度传感器模块

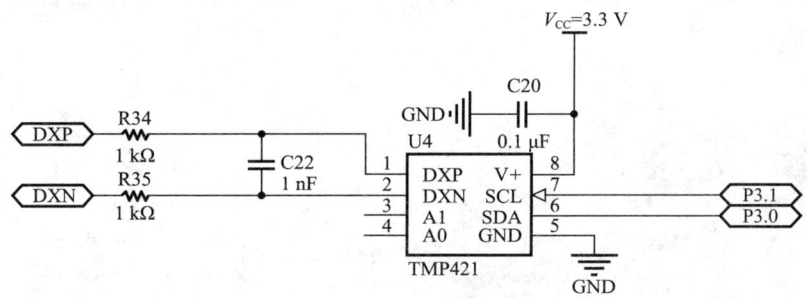

图 9.11　温度传感器模块原理图

9.2.3　TMP421 远程温度传感器

扩展板上的数字温度传感器芯片(TMP421)都是通过 I^2C 总线与 MSP430F5529 连接的。I^2C 总线也可以说是通用串行通信接口的另一种工作模式,即 I^2C 模式。因为只有 USCI_Bx 模块才支持 I^2C 模式,因此主板上两个 I^2C 接口都与 MSP430F5529 中的 USCI_Bx 连接。

TMP421 是一款远程温度传感器控制芯片,内置一本地温度传感器,与 I^2C 和 SMBus 串行总线兼容,可实现远程控制。通过 DXP、DXN 连接一个三极管或二极管组成远程温度传感器。远程温度传感器的最大精度为±1 ℃,本地温度传感器的最大精度为±1.5 ℃。

通过 I^2C 来控制 TMP421 的温度采集,将格式设为扩展二进制,温度检测范围为 −64~191 ℃。通过设置 TMP421 的配置寄存器来初始化,然后通过读取它的本地温度寄存器和远程温度寄存器获取温度数据。

TMP421 可以测量本地温度(芯片的温度),还可以测量远程温度[用两根等长导线连接一个 PNP 型三极管 C9012(TO-92)即可,如图 9.12 所示],三极管端的温度即远程温度。在扩展板上用2个引脚的杜邦线一端连接芯片的 DXN 与 DXP 端(口袋板右侧扩展插针 P3.6 与 P3.7),杜邦线的另一端连接 C9012 三极管的基极+集电极与发射极,即 DXN(P3.6)连接 2 和 3、

1—发射极;2—基极;3—集电极。

图 9.12　C9012 三极管管脚定义

DXP(P3.7)连接1,这种用法实际上是把三极管当作一个二极管。

9.3 常用模/数及数/模转换模块

9.3.1 拨盘电位器

TEB-CM5500-UPC 开发系统扩展板背面设置了一个双路 50 kΩ 的拨盘电位器,一端连接到 MSP430F5529 的 ADC 端(P6.5),电压为 0~3.3 V,另一端连接到 TPA2006D1 芯片的输入端,用来控制 DAC 输出电压的大小,同时连接到耳机插座的输出端,起到衰减信号的作用,可以实现对耳机插座与扬声器端输出的音频信号幅值的控制。其实物图如图 9.13 所示,原理图如图 9.14 所示。

图 9.13 拨盘电位器模块

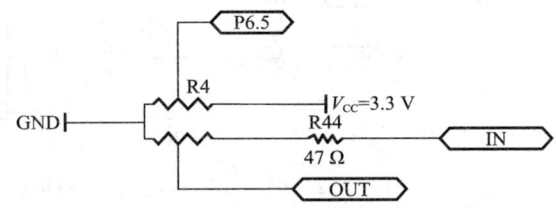

图 9.14 拨盘电位器模块原理图

9.3.2 音频功率放大器模块

音频功率放大器模块位于扩展板上,如图 9.2(a)所示。

蜂鸣器模块右侧是单声道 D 类功率放大器 TPA2006D1。该芯片采用 BTL 输出,没有"地"参考点,因此在使用与测量上要特别注意,不要造成短路。该芯片的两个输出端分别是右侧扩展插针 P3.1(VO—)和 P3.2(VO+)。这两个插针又分别连接于蜂鸣器模块上 VO— 与 VO+ 两个圆孔座。功放模块的输入端是 P4.16(如图 9.15 中 P-AMPIN 所示)。

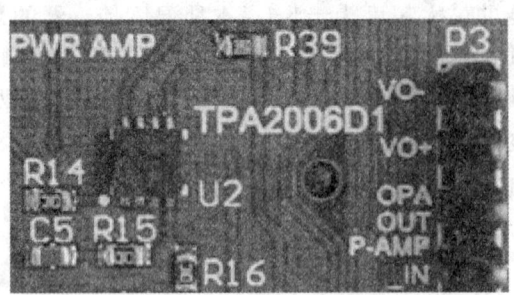

图 9.15 音频功放模块

9.3.3 串行 DAC 模块

串行 DAC 模块位于扩展板上,如图 9.2(a)所示。

MSP430F5529 芯片内部没有 DAC 转换器,因此扩展板上配置了一个 I^2C 总线接口的 12 位精度芯片 DAC7571 作为 DAC 转换器。DAC 的输出端是右侧扩展接口 P4.5(DAC OUT)。其实物图如图 9.16 所示,原理图如图 9.17 所示。MSP430F5529 通过 I^2C 通信方式给 DAC 芯片 DAC7571 写入数字量,而该芯片输出该数字量对应的模拟量。

图 9.16 DAC 模块

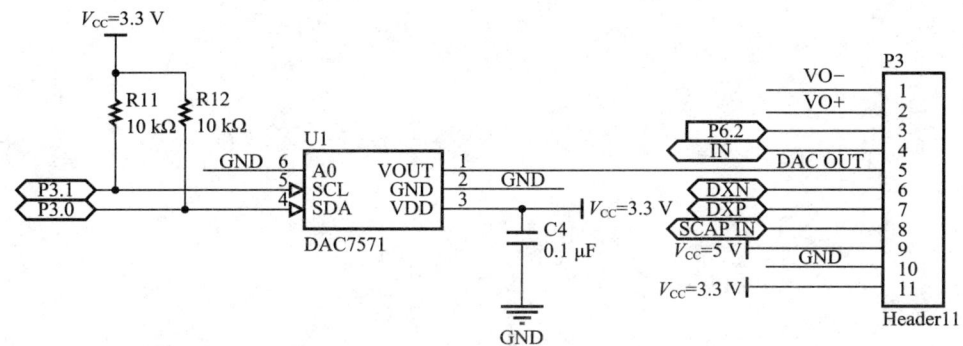

图 9.17 DAC 转换模块原理图

9.3.4 其他功能模块及接口

(1) 高功率 LED 模块(图 9.2b)。

(2) 电流检测模块(图 9.2a)。

(3) 有源滤波器模块:对用户开放一个二阶低通滤波器和一个二阶高通滤波器,其中低通滤波器的直流偏置电压可在 0 V 与 $V_{CC}/2$ 间进行切换。

(4) 耳机插座:可以连接耳机,也可以作为立体声输出接口使用(图 9.2b)。

(5) MicroSD 卡插座(图 9.2b)。

(6) BoosterPack 插针:用于连接 MSP430F5529LaunchPad 板子上的 BoosterPack 插座(背对背连接)(图 9.2b)。

(7) 无线扩展模块接口(图 9.2a)。

(8) 信号接口:可以通过杜邦线将信号引入/引出(图 9.2a)。

(9) I^2C 设备:I^2C 总线是由 PHILIPS 公司开发的两线式串行通信总线,用于连接微控制器及其外围设备。它是同步通信的一种特殊形式,具有接口线少、控制方式简单、器件封装形式小、通信速率较高等优点。使用时应注意以下问题:

① I^2C 有两条总线线路,一条串行数据线 SDA 和一条串行时钟线 SCL。

② 每一个连接到总线的器件都有唯一的地址。

③ 串行的 8 位双向数据传输位速率在标准模式下可达 100 kbit/s,快速模式下可达 400 kbit/s,高速模式下可达 3.4 Mbit/s。

④ 支持多主控模块,但同一时刻只允许有一个主控。

第 10 章　MSP430 系列微处理器开发及应用实验

※● 实验一　CCS 编译环境和 MSP430 系列微处理器开发板的系统设计

一、实验目的

（1）掌握 MSP430 系列微处理器芯片的结构、主要功能部件和片上外设。
（2）掌握 MSP430 系列微处理器的结构特征和存储器结构、寻址总线和寻址方式。
（3）掌握 MSP430 系列微处理器 16 位 CPU 精简指令系统和 C 语言基础。
（4）掌握 MSP430 系列微处理器位操作运算与表达式。
（5）熟悉 CCS 编译环境及其基本操作、系统设计与调试的方法。
（6）掌握 MSP430 系列微处理器软件编程、单任务和多任务典型程序结构以及模块化程序设计方法。

实验一预习视频

二、实验原理

1. 单任务程序

如果处理器系统实现单一功能或处理一种事件,则称为单任务程序。最典型的单任务程序是一个死循环,永远执行某一个功能函数。以 MSP430 系列微处理器为例,程序架构如下：

```
#include <msp430.h>
int main(void)
{
    while(1)                    //死循环
    {
        do_onetask();           //执行一个任务
    }
```

```
        return 0;
}
```

实际应用中,单任务程序一般用于验证某段功能代码。

2. 多任务程序

实际应用中,处理器系统要求多种功能同时进行,属于多任务程序。以 MSP430 系列微处理器为例,程序架构如下:

```
#include <msp430.h>
int main(void)
{
    while(1)                          //死循环
    {
        do_firsttask();               //执行第一个任务
        do_secondtask();              //执行第一个任务
        ……
        do_lasttask();                //执行最后一个任务
    }
    return 0;
}
```

上述实时多任务程序结构要求每个任务都不能长时间占用 CPU,每个任务在很短的事件间隔依次执行,可以认为是"同时"执行的。

三、实验内容

● 在 CCS 集成开发环境下新建工程,并指定 MSP430F5529 芯片。

在 main.c 文件中键入以下 C 语言程序段,选择 🔧 对该工程进行编译和链接,生成.out 文件,并完成以下实验内容:

```
#include<msp430.h>
int main(void)
{
    volatile unsigned int i;
    WDTCTL=WDTPW+WDTHOLD;             //关闭看门狗
    P1DIR|=BIT0;                      //将 P1.0 设置为输出
    while(1)                          //主循环
    {
        P1OUT^=BIT0;                  //翻转 P1.0 引脚输出状态
        for(i=50000;i>0;i--);         //延时
    }
    return 0;
}
```

① 将 PC 和板载仿真器通过 USB 线相连。

② 选择 将程序下载到开发板中。

③ 程序下载完毕,在 CCS 调试环境下选择 全部运行,观察并记录 MSP430F5529 核心开发板上片上外设 LED1 灯的显示效果。

④ 单步调试并观察:选择 进入 Debug 环境,选择 可以执行单步调试操作,在寄存器窗口("View"→"Registers")观察并记录寄存器 P1DIR、P1OUT,以及片上外设 LED1 灯的显示效果。

⑤ 设置断点调试并观察:选择 停止调试,返回编辑环境,在语句"for(i=50000;i>0;i--);"后加入语句"__no_operation();",并在此处设置断点,随后运行程序,观察片上外设 LED1 灯的显示效果。

⑥ 查看反汇编结果:选择 进入 Debug 环境,选择菜单"View"→"Disassembly"打开反汇编窗口并记录反汇编结果,并与程序存储器("View"→"Memory Browser")中的存储信息进行对比分析。

提示:查看 Memory Browser 中起始地址为 0x010000 的信息,并分析程序的末地址和代码占用内存情况;查看 Build 生成的 *.map 文件信息,得到代码始末地址及占用信息。

⑦ 退出调试环境,在开发板上独立运行程序。按下核心开发板的按键 S3(复位键 RST),上电运行程序并观察片上外设 LED1 灯的显示效果。

⑧ 编写软件延时函数 void delayms(volatile unsigned int n),实现该程序段的软件延时功能,并在主程序中调用该软件延时函数,要求软件延时函数可以通过参数设置延时时间,并在变量查看窗口("View"→"Variables")利用单步调试和断点调试观察参数变量 n 的变化情况。

四、选做实验

※★(1) 利用单任务程序结构编程实现控制扩展板 L1~L6 指示灯循环点亮,中间间隔 1 s。其扩展板 LED 模块 L1~L6 指示灯循环点亮原理图如图 10.1 所示。

※▲(2) 利用多任务程序结构编程实现控制 ① 扩展板 L1 指示灯每秒闪烁 1 次,② L2 指示灯每秒闪烁 2 次,③ L3 指示灯每秒闪烁 4 次。扩展板 LED 模块 L1~L3 的控制原理图如图 10.1 所示。要求为 3 个任务①②③分别编写函数。

五、预习要求

(1) 复习 MSP430 系列微处理器芯片的特点和低功耗特性。

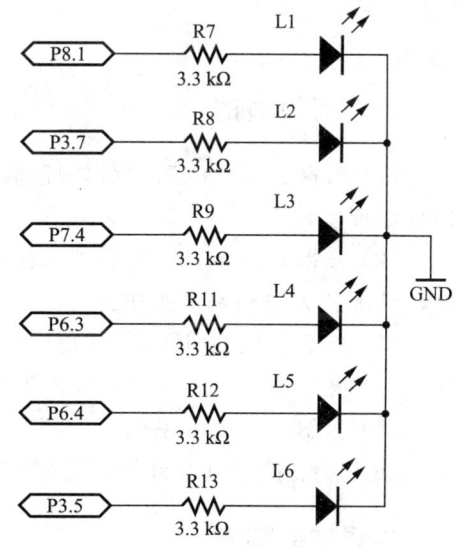

图 10.1 扩展板 LED 模块原理图

(2) 复习 MSP430 系列微处理器芯片的结构和主要功能部件。

(3) 复习 MSP430 系列微处理器的结构和特征。

(4) 复习 MSP430 系列微处理器 C 语言基础、应用程序设计过程,以及单任务和多任务典型程序结构、模块化编程方法。

(5) 预习本教材第 2 部分第 6 章内容,熟悉 MSP430 系列微处理器软硬件开发环境。

(6) 预习本教材第 2 部分第 7 章内容,熟悉 CCS 编译环境,学习在 CCS 环境下新建工程、编译、下载和调试程序,以及观察变量、设置断点的方法等内容。

(7) 预习本教材第 2 部分第 9 章 MSP430 系列微处理器片内资源 LED 的相关内容。

(8) 根据实验内容写出完整的预习报告(画出硬件原理图和程序设计流程图,并编写出程序代码)。

六、实验报告要求

(1) 总结在 CCS 环境下应用程序设计和调试的步骤。

(2) 记录单步执行完每条指令后寄存器和程序存储器的变化值。

(3) 总结 CCS 环境下寄存器、内存等的查看方法。

(4) 利用软件延时方法时,论述微处理器的工作模式。在 MSP430 低功耗模式下,论述如何实现延时功能。

(5) 总结 MSP430 系列微处理器 I/O 端口具备的功能和相关的寄存器。

(6) 论述关闭看门狗定时器的理由。

(7) 总结常用的位操作指令并说明其功能。

(8) 根据实验结果画出正确的硬件原理图和程序设计流程图,并编写完整的程序代码。

※● 实验二 GPIO 接口及其外部中断的应用

一、实验目的

(1) 掌握 MSP430 系列微处理器芯片的特点和超低功耗特性、模式及硬件编程实现方法。

(2) 掌握 MSP430 系列微处理器 GPIO 接口具备的功能、控制寄存器及软件配置方法和基本操作。

实验二预习视频

(3) 熟练掌握 GPIO 接口的查询操作方式和应用方法。

(4) 熟练掌握 GPIO 接口按键消抖的方法。

(5) 了解 MSP430 系列微处理器中断系统,熟练掌握 GPIO 接口外部中断的应用方法。

(6) 熟练掌握 CCS 环境下开发应用程序的流程,以及软硬件联合调试的过程和方法。

二、实验原理

1. GPIO 接口特性

GPIO 接口是 MSP430 系列微处理器最重要也是最常用的外设模块,它是单片机与外界交互的重要途径。从 LED 指示灯、基本的按键到复杂的外设芯片等，都是通过 I/O 的输入和输出来进行读取或控制的。GPIO 接口具有如下的特性：

（1）MSP430 系列微处理器的 I/O 端口是双向的，在使用时可以用方向选择寄存器独立控制每个 GPIO 接口的方向（输入/输出模式）。对于输出模式 I/O，可以通过 PxOUT 寄存器输出电平；对于输入模式 I/O，可以通过 PxIN 寄存器读到输入电平。

（2）可以独立设置每个 GPIO 接口的输出状态（高/低电平）。

（3）所有 GPIO 接口在复位后都有个默认方向（输入/输出）。

（4）GPIO 接口一般都具有多种复用功能，可以通过软件进行配置，通过 PxSEL 寄存器独立设置 I/O 功能（默认功能或第二功能）。

2. GPIO 接口配置方法

对 MSP430F5529 来说，其 GPIO 接口类型丰富，P1～P2 端口具有输入、输出、中断和外围模块。这些功能模块可以通过 P1～P2 端口各自 9 个控制寄存器的设置来实现，从而最大限度地提供接口的灵活性。

P3～P11 端口没有中断能力，其余功能与 P1、P2 端口一样，能实现输入/输出功能和外围模块功能。每个端口有 6 个寄存器供用户使用，用户可通过这 6 个寄存器对它们进行访问和控制。I/O 控制寄存器的应用方式见表 10.1。

表 10.1　I/O 控制寄存器的应用方式

名　称	缩　写	BIT＝1	BIT＝0
方向寄存器	PxDIR	输出模式	输入模式
输入寄存器	PxIN	输入高电平	输入低电平
输出寄存器	PxOUT	输出高电平	输入低电平
上下拉电阻使能寄存器	PxREN	使　能	禁　用
功能选择寄存器	PxSEL	外设功能	I/O 端口
驱动寄存器	PxDS	高强度	低强度
中断使能寄存器	PxIE	允许中断	禁止中断
中断触发沿选择寄存器	PxIES	下降沿置位	上升沿置位
中断标志寄存器	PxIFG	有中断请求	无中断请求

GPIO 接口一般在程序的初始化阶段进行软件配置。具体配置方法如下：

（1）配置功能选择寄存器 PxSEL。

（2）若为 I/O 端口功能，则继续配置方向寄存器 PxDIR。

（3）若为输入，则继续配置中断使能寄存器 PxIE。

（4）若允许中断，则继续配置中断触发沿选择寄存器 PxIES。

3. GPIO 接口的外部中断

当 Px 端口上 8 个引脚中的任何一个引脚有中断触发时，都会进入同一个中断服务程序。具体 GPIO 接口外部中断的应用方法如下：

（1）通过 PxDIR 将 I/O 方向设为输入。

（2）通过写 PxIES,决定中断的边沿是上升沿、下降沿或两种情况均中断。

（3）如果是机械按键输入,则可以通过 PxREN 启用内部上下拉电阻,根据按键的接法设定 PxOUT(决定最终是上拉电阻还是下拉电阻)。

（4）通过 PxIE 开启 I/O 中断,通过_EINT()开启总中断。

（5）在中断服务程序中,通过 if 语句利用 PxIFG 标志位判断具体触发中断的 I/O 端口,如果是机械按键输入,则还需有软件消抖代码。

（6）根据具体的 I/O 输入,编写事件处理函数,执行相应的引脚中断服务程序。

（7）用软件清除相应的中断标志位 PxIFG。

以实现 P1.5、P1.6 引脚发生外部中断后进入同一个中断服务程序且执行不同功能为例,其代码如下：

```
#pragma vector = PORT1_VECTOR        //P1 口中断源
__interrupt void Port_1 (void)       //声明外部中断服务程序
{
    if (P1IFG&BIT5)                  //判断 P1 中断标志(P1IFG)第 5 位
    {
        ……                           // P1.5 中断服务程序
    }
    if (P1IFG&BIT6)                  //判断 P1 中断标志(P1IFG)第 6 位
    {
        ……      //P1.6 中断服务程序
    }
    P1IFG=0;                         //清除 P1 所有中断标志位(P1IFG)
}
```

注意：① P1 和 P2 引脚具有中断能力,为多源中断。所有 P1 端口引脚的中断都来源于同一个中断向量 P1IV。同理,P2 端口的中断都来源于另一个中断向量 P2IV。

② 退出中断之前要清除中断标志,否则该中断会不停地被执行。

③ 中断向量寄存器 P1IV 和 P2IV 只能进行字节操作。

④ 更改 PxIES 寄存器需要关闭中断,并在开中断之前及时清除中断标志,否则会引发中断。

4. 按键消抖的方法

使用按键时会有抖动,需要消抖处理。按键的消抖可采用硬件方法或软件方法实现。

（1）当按键较少时,可用硬件方法消除抖动。使用 RS 触发器是常用的硬件消抖方法。此外,利用电容的放电延时或采用并联电容法,也可实现硬件消抖。

（2）当按键较多时,常用软件方法消抖,如检测出键闭合后执行一个延时程序(5~10 ms 的延时),待前沿抖动消失后再一次检测键的状态,如果仍保持闭合状态电平,则确认为真正有键闭合。当检测到按键释放后,也要有 5~10 ms 的延时,待后沿抖动消失后才能转入该键的处理程序。此外,还可以利用定时器中断来消抖。

5. MSP430 系列微处理器低功耗模式及编程实现方法

CCS 集成开发环境为 MSP430 系列微处理器低功耗模式的设置与控制提供了以下内部函数：

__bis_SR_register(LPM0_bits);或 LPM0;   //进入低功耗模式 0
__bis_SR_register(LPM1_bits);或 LPM1;   //进入低功耗模式 1
__bis_SR_register(LPM2_bits);或 LPM2;   //进入低功耗模式 2
__bis_SR_register(LPM3_bits);或 LPM3;   //进入低功耗模式 3
__bis_SR_register(LPM4_bits);或 LPM4;   //进入低功耗模式 4
__bic_SR_register_on_exit(LPM0_bits);或 LPM0_EXIT   //退出低功耗模式 0
__bic_SR_register_on_exit(LPM1_bits);或 LPM1_EXIT   //退出低功耗模式 1
__bic_SR_register_on_exit(LPM2_bits);或 LPM2_EXIT   //退出低功耗模式 2
__bic_SR_register_on_exit(LPM3_bits);或 LPM3_EXIT   //退出低功耗模式 3
__bic_SR_register_on_exit(LPM4_bits);或 LPM4_EXIT   //退出低功耗模式 4
__bis_SR_register(LPMx_bits + GIE);//常用,进低功耗模式 x,启用中断(x=0~4)

三、实验内容

※●(1) 利用软件循环查询方法编程实现:扩展板上的按键 S1 控制 L1 灯的亮灭,按键 S2 控制 L2 灯的亮灭,均为高电平点亮。要求按键 S1 和 S2 分别被执行一次"按下再松开"操作后,所控制的 L1 和 L2 灯当前的亮灭状态切换一次(即如果当前指示灯为点亮状态,则切换为熄灭状态)。LED 灯模块和机械按键模块的原理图如图 10.2(a)和(b)所示。

注意:① 初始化 GPIO 接口的输出状态、输出模式和使能上下拉电阻功能。

② 利用软件循环查询方法检测按键是否被按下。

③ 使用按键时会有抖动。按键抖动的时间一般为 5~10 ms。调用实验一中编写的软件延时函数 void delayms(volatile unsigned int n),调试延时参数以实现软件延时消抖功能。

提示:① 以 S1 按键为例:按键被执行"按下"操作,则 P1.2 置 0;按键被执行"松开"操作,则 P1.2 置 1。

② 查询 S1 按键是否执行"按下"操作的代码为:
　　if(!(P1IN&BIT2))

或者
　　if((P1IN&BIT2)==0)   ;注意:BIT2=0X04

※●(2) 利用 GPIO 接口外部中断方式,设置下降沿触发外部中断编程实现实验内容(1)的功能。要求利用外部中断方式检测按键是否按下,并使用变量 NUM 统计中断次数。

提示:① 以 S1 按键为例,利用 I/O 外部中断判断 S1 按键是否执行"按下"操作的代码为:
　　if(P1IFG&BIT2)   ;注意:中断结束前请中断标志位

(2) 通过单步调试,观察并记录变量 NUM 数值的变化情况。

(3) 分析并说明循环查询和外部中断方式分别在什么情况下使用更有效。

(4) 思考采用外部中断方式检测按键状态是否还需要对按键操作进行消抖。

四、选做实验

※★(1) 编程实现功能①和②。

① 上电后扩展板 LED 灯(L1 灯)亮,"按下"扩展板按键 S1,L1 灯闪烁并进入低功耗模

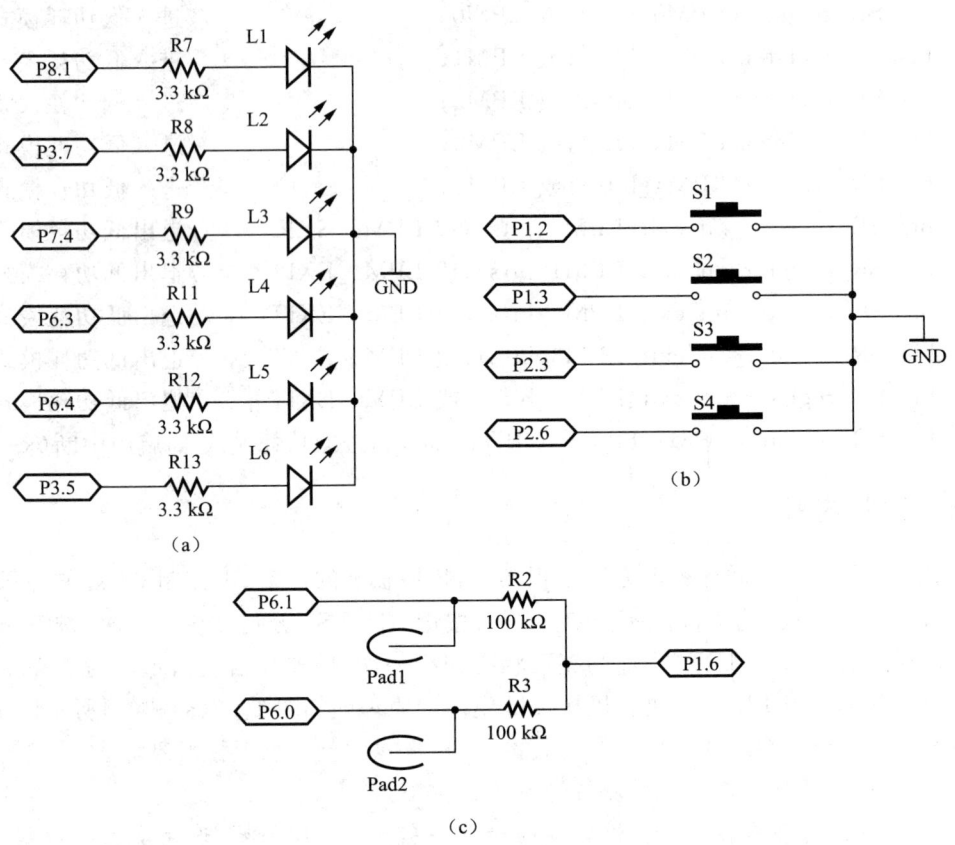

图 10.2 扩展板 LED 灯、机械按键与触摸按键模块原理图

式 1(LPM1);

② "按下"扩展板按键 S2,L1 灯常亮并退出低功耗模式 1(LPM1)。

※▲ (2) 完成测量任务。已知 MSP430F5529CPU 的 ACLK、SMCLK 可以通过相应的引脚 P1.0、P2.2 输出;将相应引脚对应的 SEL 功能选择寄存器位设置为 1,并把其对应的 DIR 方向寄存器位设置为输出,用示波器观察低功耗模式 LPM1 的 ACLK、SMCLK 分别处于什么状态。

※▲ (3) 编程实现:触摸扩展板 Pad1 按键触发扩展板 L1 灯闪烁,中间间隔 0.5 s,触摸扩展板 Pad2 按键触发 L1 灯熄灭。触摸按键 Pad1 和 Pad2 原理图如图 10.2(c)所示。

五、预习要求

(1) 复习本教材第 2 部分第 9 章中扩展板上的 LED 灯、机械和触摸按键模块内容。

(2) 预习本实验的预备知识,熟悉 GPIO 接口具备的功能和控制寄存器的配置方法。

(3) 预习 GPIO 接口的查询操作方式和应用方法。

(4) 预习 GPIO 接口外部中断的应用方法。

(5) 预习 MPS430 系列微处理器低功耗模式及编程实现方法。

(6) 复习 CCS 环境下开发应用程序的流程以及软硬件联合调试的过程和方法。

(7) 根据实验内容写出完整的预习报告(画出程序流程图并编写出程序代码)。

六、实验报告要求

(1) 根据实验结果画出正确的程序流程图和电路原理图,编写完整的程序代码。

(2) 实验中可能会出现按一次键而 LED 灯闪一次或者多次的情况,这是为什么?写出如何处理按键产生的毛刺、抖动现象?

(3) 写出主程序中没有调用中断子程序,中断子程序却可以被执行的原因。

(4) 写出软件循环查询方法和外部中断方式各在什么情况下使用更有效。

(5) 叙述 MSP430F5529 的工作模式,以及如何在低功耗模式下将 CPU 转到活动模式。一般情况下,在进入低功耗模式前为什么要确保 GIE 为置位状态?

(6) 总结 CCS 环境下开发应用程序的流程以及软硬件联合调试的过程和方法。

※★ 实验三 电子纸显示模块的设计与应用

一、实验目的

(1) 掌握 MSP430F5529 芯片的特点和超低功耗特性。

(2) 熟悉 TEB-CM5500-UPC 开发系统扩展板上电子纸显示模块的结构、原理和使用方法。

(3) 熟练掌握 CCS 工程中声明、定义和调用外部函数的方法。

(4) 了解 SPI 串行通信工作模式、工作时序以及编程实现方法。

实验三预习视频

二、实验原理

1. 电泳显示技术

TEB-CM5500-UPC 开发系统扩展板上的信息显示设备是电子纸显示屏(电子墨水屏),它与传统的显示屏幕有很大的不同,具有易阅读、超级省电、轻薄灵活等优点;采用的是电泳显示技术(EPD),即将黑、白两色的带电颗粒封装于微胞化液滴结构中,由外加电场控制不同电荷黑白颗粒的升降移动以呈现出黑白单色的显示效果,可表现出高反射率、高对比的黑白显示效果。但是,目前还存在刷新速度慢而无法显示动画和视频,以及色彩还原不好而以点色灰阶型为主的问题。

2. 电子纸的结构

(1) 电子纸膜片:这是电子纸显示模块的核心材料,负责显示人眼实际看到的图案。

(2) 底板:作为电子纸显示屏的像素电极(下电极),用于控制电子纸每个像素的黑白变化。底板有多种类型可选,包括 PCB、FPC、TFT 玻璃、PET 等,实际应用时可根据具体需求选择不同的底板。电子纸膜片可通过层压的方式贴合在底板上。

(3) 驱动芯片:可根据控制指令和信号产生相应的逻辑电平和时序,用于控制底板每个像素(或段码)的工作时序和状态,并使电子纸能够显示所需图案。

(4) 透明保护膜:一种高分子塑料薄膜,具有很强的防水汽透过性。用层压机将其紧密贴合在电子纸膜片与底板上面，可有效防止水汽侵入赛伦纸膜片，避免电子纸因受潮而损坏。

（5）封边胶：一种特殊的化学胶水，将其均匀涂在透明保护膜的四周边缘处，可起到隔离水汽的作用，即可避免水汽从透明保护膜四周渗入进去而对电子纸膜片造成损坏。

3. SPI 模式

SPI 模式是通用串行通信接口（USCI）模块的一种工作模式，是 MSP430 芯片上的重要通信接口模式。对于 MSP430F5529 芯片，USCI 接口有 2 组（USCI_Ax 与 USCI_Bx），工作模式主要有 UART、SPI、I^2C 等。不同的 USCI 模块所具有的功能不同，其中 USCI_Ax 模块支持 UART 模式、SPI 模式。当同步位 UCSYNC 被置位且模式选择位 UCMODE 选择 SPI 时，USCI 模块工作于 SPI 模式。

在同步模式下，MSP430 芯片的 USCI 模块通过 3 个或者 4 个引脚与 SPI 接口模式的设备相连，这些引脚分别是 UCxSMIO、UCxSOMI、UCxCLK 和 UCxSTE。以 TEB-CM5500-UPC 开发系统的电子纸屏幕模块为例，其结构图如图 10.3 所示。

图 10.3 电子纸屏幕模块 SPI 结构图

根据电子纸屏幕模块 SPI 结构图，该模块相应的接口初始化函数和头文件中的定义如下：

（1）接口初始化函数。

```
void PaperIO_Int(void)
{
    P1DIR|=BIT4;                    //设置 P1.4 为输出模式
    P2DIR|=BIT7;                    //设置 P2.7 为输出模式
    P2DIR&=~BIT2;                   //设置 P2.2 为输入模式
    P3DIR|=BIT2+BIT3+BIT4;          //设置 P3.2、P3.3、P3.4 为输出模式
}
```

（2）头文件"Paper_Display.h"中的宏定义。

```
#define nRST_H    P1OUT|=BIT4        //nRST(P1.4)置高宏定义
#define nRST_L    P1OUT&=~BIT4       //nRST(P1.4)置低宏定义
#define nCS_H     P3OUT|=BIT2        //nCS(P3.2)置高宏定义
#define nCS_L     P3OUT&=~BIT2       //nCS(P3.2)置低宏定义
#define SDA_H     P3OUT|=BIT3        //SDA(P3.3)置高宏定义
#define SDA_L     P3OUT&=~BIT3       //SDA(P3.3)置低宏定义
#define SCLK_H    P2OUT|=BIT7        //SCLK(P2.7)置高宏定义
#define SCLK_L    P2OUT&=~BIT7       //SCLK(P2.7)置低宏定义
```

```
#define nDC_H      P3OUT|=BIT4        //nDC(P3.4)置高宏定义
#define nDC_L      P3OUT&=~BIT4       // nDC(P3.4)置低宏定义
#define nBUSY      P2IN & BIT2        //读入 nBUSY(P2.2)宏定义
```

4. 编程实现电子纸屏幕显示

扩展板使用了一片接口模式为 SPI 的分辨率为 250 像素×122 像素的 2.1 in 电子纸。以 MSP430F5529 为例,具体编程实现步骤如下:

(1) 配置系统时钟,即为系统时钟配置合适的晶振。

(2) 初始化电子纸显示屏幕,初始化过程包括配置 MSP430F5529 的 SPI 接口模式以及通过 SPI 接口模式对电子纸显示屏幕进行读写操作初始化。

(3) 初始化 MSP430F5529 SPI 接口模式的工作时序需要配置寄存器如 UCA0CTL1、UCA0CTL0、UCA0BRW、P3SEL 等。

(4) 配置完 SPI 工作时序后,通过 SPI 对显示屏幕进行读写操作初始化。

(5) 初始化完成后,通过 SPI 对电子纸显示屏幕进行读写显示出图片和文字。

5. 用于显示的相关变量和函数

声明和定义电子纸屏幕模块函数的相关文件为头文件"Paper_Display.h"和函数定义的文件"Paper_Display.c"。这两个文件声明和定义了与电子纸屏幕模块相关的初始化及显示操作的变量和函数,方便编程时调用完成电子纸显示功能。

(1) 存储图形内容数组变量。

定义数组 DisBuffer[250 * 16] 用于存储需要显示的内容。

(2) 初始化存储内容函数。

函数 void Init_buff (void) 用于初始化数组 DisBuffer[250 * 16]。

(3) 图形显示函数。

函数 void DIS_IMG(unsigned char num) 用于图形显示。

其中,num=1 时显示数组 DisBuffer[250 * 16] 中存储的内容。

(4) 字符显示函数。

```
void display ( unsigned char * str,       //字符串
    unsigned int xsize,                    //x 方向位置
    unsigned int ysize,                    //y 方向位置
    unsigned int font,                     //字体 0,1,2
    unsigned int size,                     //字号 0,1
    unsigned int reverse,                  //反显(0 正常显示,1 反显)
    unsigned int fresh                     //立即刷新(0 正常刷新,1 立即刷新)
)
```

其中,对字体和字号的宏定义参考如下:

```
#define   TimesNewRoman 0        //字体 0
#define   Arial 1                //字体 1
#define   ArialBlack 2           //字体 2
#define   size8 0                //字号 0
```

#define　size16　1   //字号1

三、实验内容

※● (1) 利用电子纸屏幕模块调用外部函数测试顺序显示：全白、全黑、左黑右白、上黑下白。

提示：① 声明和定义电子纸屏幕显示模块函数的相关文件为头文件 Paper_Display.h 和函数定义的文件 Paper_Display.c。在主函数中指定头文件如下：

#include<msp430.h>

#include"Paper_Display.h"

② 更新显示过程。修改显示数组 DisBuffer[250 * 16]中存储的内容，调用 DIS_IMG(1)函数完成显示。

※● (2) 利用电子纸屏幕模块显示字符(包含数字、字母和常用标点符号)，并实现不同模式的切换显示(如白底黑字、黑底白字等)。

四、选做实验

※★ (1) 利用电子纸屏幕模块显示变量的运算过程，具体内容如下：

int a=1,b=2,sum=0;

sum=a+b;

要求在电子纸屏幕上显示的格式如下，且当修改变量值时，对应的计算结果也发生变化。

a=1;

b=2;

sum=a+b=3;

※★ (2) 利用电子纸屏幕模块绘制不同国家的国旗图形(3个以上)，并实现按键切换显示功能。

※▲ (3) 利用电子纸屏幕模块任意绘制一个图形，并通过按键控制所绘制图形的上移、下移、前进和后退。

五、预习要求

(1) 复习调用函数的编程实现方法。

(2) 预习本教材第2部分第9章9.1.3部分内容中电子纸屏幕模块的内容。

(3) 预习本实验预备知识中关于电子纸屏幕模块的原理和应用方法。

(4) 学习电子纸屏幕模块对应的头文件 Paper_Display.h 和函数定义文件 Paper_Display.c 中对相关变量和函数的声明与定义方法，以及主函数 main.c 的调用函数和变量的实现方法。

(5) 了解字模取模软件的功能和使用方法。

(6) 根据实验内容写出完整的预习报告(画出程序流程图并编写程序代码)。

六、实验报告要求

(1) 根据实验结果画出正确的程序流程图,写出关键的程序代码。
(2) 写出满足实验要求功能的实现方法及问题和解决方法。
(3) 总结电子纸屏幕显示字符和图形方法的区别,提出可以加以改进的方案。
(4) 总结电子纸屏幕模块的结构特点及显示实现方法和步骤。
(5) 总结字模取模软件的使用方法。

※● 实验四 定时中断的设计与应用

一、实验目的

(1) 了解 MSP430 系列微处理器 Timer_A 定时器模块的结构和功能。
(2) 掌握 Timer_A 定时器的工作原理和与主计数器相关寄存器的配置方法。
(3) 熟练掌握 Timer_A 定时器不同工作模式下的典型应用。
(4) 熟练掌握 MPS430 系列微处理器端口 P1 和 P2 复用功能的应用。
(5) 熟练掌握 Timer_A 定时器定时中断功能的设计和应用。

实验四预习视频

二、实验原理

1. 定时功能

Timer_A 定时器的结构分为两部分:主计数器和比较/捕获模块。其中,主计数器负责定时、计时或计数。在应用定时和计数功能时,可以只使用主计数器部分。

Timer_A 定时器主计数器的结构包括时钟源、预分频器、计数器与计数模式选择等部分。与主计数器相关的控制位都位于 TAxCTLn 寄存器中。

注意:① 在低功耗应用以及需要长时间定时、计时情况下,可以选择 ACLK 作为时钟。② 计数器复位后,TAxCLR 标志位自动归零。

2. 定时中断

定时器的基本功能就是计时,当计至定时条件满足时产生中断。在定时中断服务程序内执行需要严格时间间隔的程序,如循环扫描、定时采样等。

由于采用增计数模式的定时器具有"自动重装载"的特点,改变定时周期只需要设置比较寄存器 TAxCCRn 的值即可,特别适合进行周期性定时中断。对于其他模式,则需要对计数寄存器(TAR)的计数值重设初值。

3. 定时中断服务程序

利用 MSP430 中断可使编写的程序结构更加合理,提高执行效率,降低系统功耗。Timer_A 不同工作模式下定义的中断服务程序如下:

(1) 增计数模式和增/减计数模式下的中断服务程序。

比较寄存器 TAxCCR0 用作 Timer_A 增计数模式和增/减计数模式下的周期寄存器。以 TA0 定时器产生中断为例,其中断服务程序为:

```
#pragma vector=TIMER0_A0_VECTOR        //TA0 定时器中断向量
__interrupt void TIMER0_A0_ISR(void)   //声明中断服务程序
{
                                       //中断服务程序
}
```

(2) 连续计数模式下的中断服务程序。

连续计数模式下可以产生多个定时信号,每完成一个 TAxCCRn 计数间隔将产生一个中断。以 TA1 定时器产生中断为例,其中断服务程序为:

```
#pragma vector=TIMER1_A1_VECTOR        //TA1 定时器中断向量
__interrupt void TIMER1_A1_ISR(void)   //声明中断服务程序
{
    switch(__even_in_range(TA1IV,14))
    {
        case 0:  break;                //无中断
        case 2:  break;                //TA1CCR1    CCIFG1 中断服务程序
        case 4:  break;                //TA1CCR2    CCIFG2 中断服务程序
        case 6:  break;                //TA1CCR3    CCIFG3 中断服务程序
        case 8:  break;                //TA1CCR4    CCIFG4 中断服务程序
        case 10: break;                //TA1CCR5    CCIFG5 中断服务程序
        case 12: break;                //TA1CCR6    CCIFG6 中断服务程序
        case 14:                       //TAIFG 中断服务程序
        default: break;
    }
}
```

4. 与中断相关的内部函数

(1) 进入低功耗模式函数。

__bis_SR_register(LPMx_bits);   //进入低功耗模式 LPMx(x=0~4)
__bis_SR_register(LPMx_bits+GIE);   //进入低功耗模式 LPMx,启用可屏蔽中断

该函数一般放在主函数 main 结束的位置。

(2) 退出低功耗模式函数。

__bic_SR_register_on_exit(LPMx_bits); //退出低功耗模式 LPMx(x=0~4)

该函数在退出中断之前调用,在退出中断服务程序时唤醒 CPU。

(3) 恢复总中断允许函数:

_EINT();   //恢复总的中断允许

该函数在中断服务程序入口处调用后,可以实现中断任意嵌套,保证实时性要求。

三、实验内容

※●（1）为 TA0 配置时钟源及工作模式，控制 LED 灯的定时亮灭，中间间隔 1 s。用示波器观察并记录时钟源和定时中断产生的波形和频率，并对比分析：

① 定时中断方式实现方法与实验一的软件延时实现方法在效果和工作原理上有何不同？

② 增计数模式和增/减计数模式下设置的周期有何不同？

要求：TA0 定时器分别配置工作在增计数模式和增/减计数模式下，采用 ACLK 作为其计数参考时钟，并启用 TA0CCR0 计数中断实现硬件定时中断。

提示：① P1.0 引脚复用功能为输出 ACLK 时钟信号。

② LED 灯可以选择控制扩展板上供用户编程使用的 L1~L6。例如，P8.1 为 L1 灯引脚，可以测得定时中断产生的信号。

※●（2）为 TA0 配置时钟源及工作模式，设计接口电路并编程实现按动核心板上的按键 S1 控制扩展板上的 L1 灯一直点亮，按动核心板上的按键 S2 控制扩展板上的 L1 灯亮灭 3 次后熄灭，中间间隔 0.5 s。

四、选做内容

※★（1）设计接口电路并编程实现通过按动扩展板上的按键 S1 控制蜂鸣器的发声和关闭，按动扩展板上的按键 S2 控制蜂鸣器的发声频率。

※▲（2）设计接口电路并编程实现用定时器 Timer_A 进行 30 s 倒计时，并在电子纸显示模块上显示，每隔 1 s 显示数字刷新一次。

五、预习要求

（1）复习 MSP430 系列微处理器 P1 和 P2 端口的复用功能和使用方法。

（2）预习本教材第 2 部分第 8 章定时器 A 模块的内容。

（3）预习 MSP430 系列微处理器基于系统时钟的片内集成定时器的初始化和设置方法。

（4）预习定时器定时中断功能的设计和应用。

（5）预习本教材第 2 部分第 9 章中蜂鸣器模块内容。

（6）根据实验内容写出完整的预习报告（画出程序流程图并编写出程序代码）。

六、实验报告要求

（1）根据实验结果画出正确的硬件设计原理图、程序流程图，写出调试后的程序代码。

（2）定时器都有哪些工作模式？应如何配置？

（3）总结如何通过定时器设定蜂鸣器发声的音调。

※● 实验五 定时器A(Timer_A)的比较/捕获模式

一、实验目的

（1）掌握 MSP430 系列微处理器片内集成定时器 A 的比较/捕获模块的结构和关键寄存器。

（2）掌握 MSP430 系列微处理器片内集成定时器 A 的比较模式的原理和应用。

（3）掌握利用定时器 A 的比较模式产生方波的方法。

（4）掌握利用定时器 A 的比较模式输出 PWM 波形的方法。

（5）掌握定时器 A 的捕获模式的原理和应用。

（6）掌握利用定时器捕获模式测量方波信号频率的方法。

实验五预习视频

二、实验原理

定时器 A 的比较/捕获模块 TAxCCRn(n＝0～6)能够在无须 CPU 干预的情况下根据触发条件与计数器值自动完成某些测量和输出功能。例如捕获定时器计数值，自动产生各种输出波形(PWM 调制、单稳态脉冲等)，以及利用捕获测量脉宽、周期等。当 TAxCCTLn 寄存器的 CAP 控制位为 0 时，比较/捕获模块工作在比较模式；当 TAxCCTLn 寄存器的 CAP 控制位为 1 时，比较/捕获模块工作在捕获模式。

1. 比较模式

在定时器 A 的比较模式下，比较/捕获模块不断地将自身比较寄存器(TAxCCRn)的计数值与主计数器的计数寄存器(TAR)的计数值进行比较，自动改变输出电平，可以输出 PWM 调制、可变单稳态脉冲、移相方波、相位调制等常用波形。

2. 捕获模式

在定时器 A 的捕获模式下，输入电平跳变触发捕获电路，主计数器的计数寄存器 (TAR)的计数值通过锁存器自动锁存至相应的捕获值寄存器(TAxCCRn)中，用于测定频率、周期、占空比、门控计数等需要获得波形中精确时间量的场合。

注意：定时器 A 的结构分为两部分，即主计数器和比较/捕获模块。其中，主计数器负责定时、计时或计数。在应用定时和计数功能时，可以只使用主计数器部分。在 PWM 调制、利用捕获测量脉宽、周期等应用中，还需要捕获/比较模块的配合。

三、实验内容

※●（1）编程实现：为 TA0 配置时钟源及工作模式，采用定时器 TA0 控制 LED 灯的亮灭，中间间隔 1 s，并对比分析采用定时器的比较模式和中断功能实现输出方波的优势。

提示：① 使定时器 TA0 工作在增计数模式下，选择 ACLK 作为其参考时钟。

② 查看本教材附录 6 MSP430F5529 引脚图中 TA0 引脚端口，将 P1.2 引脚配置为定时

器输出,使捕获/比较器 CCR1 工作在比较模式,并设定输出方式,输出方波,用示波器观察并记录时钟源和方波的波形及频率。

※●(2)编程实现:为 TA0 配置时钟源及工作模式,采用定时器 TA0 捕获/比较器 CCR1 的比较模式设定输出方式,输出 PWM 波形,使 LED 灯亮 2 s,灭 1 s,用示波器观察并记录时钟源和 PWM 波的波形及频率。

提示: 查看本教材附录 6 MSP430F5529 引脚图中 TA0 引脚端口和时钟源引脚端口。

四、选做实验

※★(1)编程实现:采用定时器 TA1 捕获/比较器 CCR1 的捕获模式,按下按键两次后,捕获按下按键的间隔时间,将蜂鸣器频率设定为该时间间隔,并在电子纸显示模块上显示第二次按下按键的精确时间。

※★(2)编程实现:采用定时器 TA0,使其工作在增计数模式下,选择 ACLK 作为其参考时钟。将 P1.2 和 P1.3 引脚配置为定时器输出,且使 CCR1 和 CCR2 工作在比较输出模式 7 下,最终使 P1.2 引脚输出 75% 占空比的 PWM 波形,使 P1.3 引脚输出 25% 占空比的 PWM 波形,用示波器观察并记录时钟源和 PWM 波的波形及频率。

※▲(3)编程实现:采用定时器 TA0 实现 LED 灯以 200 ms 间隔闪烁,同时利用定时器 TA2 实现电子纸显示屏上以 59 s 为周期的循环计时。

五、预习要求

(1)复习 MSP430 系列微处理器片内集成定时器的捕获/比较模块的工作原理和应用方法。
(2)复习本教材第 2 部分第 8 章定时器 A 模块的内容。
(3)预习定时器的比较模式及输出方波和 PWM 波的方法。
(4)预习利用定时器捕获模式测量方波信号频率的方法。
(5)预习本教材第 2 部分第 9 章中蜂鸣器模块的内容。
(6)根据实验内容写出完整的预习报告(画出程序流程图并编写出程序代码)。

六、实验报告要求

(1)根据实验结果画出正确的程序流程图、产生或输出信号的波形图,写出调试后完整的程序代码。
(2)总结利用定时器比较模式输出波形和捕获模式测量信号频率的方法。
(3)写出采用定时器设计交通信号灯的方法。

※● 实验六 模/数转换模块(ADC12)的设计与应用

一、实验目的

(1) 了解模/数转换的基本原理、转换过程及性能指标。
(2) 熟练掌握 ADC12 模块的 4 种工作模式。
(3) 熟练掌握 ADC12 模块的关键寄存器及其配置和应用方法。
(4) 掌握应用 MSP430F5529 片内温度传感器的方法和编程实现方法。
(5) 掌握拨盘电位器的工作原理、应用和编程实现方法。
(6) 了解 I^2C 设备的应用方法及片外温度传感器的编程实现方法。

实验六预习视频

二、实验原理

1. ADC12 模块应用过程

(1) 设置采样周期和参考电压。

① 采样周期包括采样保持时间和转换时间。采样保持时间通过 ADC12CTL0 控制寄存器的控制位 ADC12SHT1x 和 ADC12SHT0x 进行设置,配置方法详见第 2 部分第 8 章 8.3.4 节中的表 8.6。最快的完全转换周期为 17 个时钟周期,即 17 个 ADC12CLK 的时间(采样保持时间为 4 个 ADC12CLK 的时间,转换时间为 13 个 ADC12CLK 的时间)。

ADC12CLK 是 ADC12 模块运行时的时钟,也是非采样定时器中的时钟。时钟源的选择通过配置控制器 ADC12CTL1 中的控制位 ADC12SSELx 和 ADC12DIVx 实现,配置方法详见第 2 部分第 8 章 8.3.4 节中的表 8.7。

可以选择的时钟源有 ADC12OSC,ACLK,SMCLK/MCLK。一般选择 ADC12OSC (ADC12OSC 是专为 ADC12 模块设计的时钟源,频率为 0~5 MHz)作为模/数转化专用的内部时钟。但是该时钟的频率容易受外界影响而改变,会随着温度、电压的波动而变化。

注意: 在信号不变的情况下,采样保持时间越长,信号越稳定。对于 MSP430 的 ADC12 模块,采样保持时间不小于 3.46 μs;ADC12CLK 的最低频率和最高频率时钟分别近似为 500 kHz 和 6.5 MHz;ADC12SHT1x、ADC12SHT0x、ADC12SSELx 和 ADC12DIVx 的控制位只有在 ADC10ENC=0 时才可被修改。

② 可编程/选择 3 种参考电压的转换上限(V_{R+})和转换下限(V_{R-})。

转换上限(V_{R+}):AV_{CC}(模拟电源正端)、V_{REF+}(A/D 转换器内部参考电源的正输出端)、V_{eREF+}(外部参考电源的正输入端)。

转换下限(V_{R-}):AV_{SS}(模拟电源负端)、V_{REF-} 或 AV_{EE}(A/D 转换器内部参考电源的负输出端)、V_{eREF-}(外部参考电源的负输入端)。

参考电压分别为 V_{R+} 和 V_{R-} 的组合,由存储控制寄存器 ADC12MCTLx 参考电压选择控制位 ADC12REFx 进行选择,配置方法详见第 2 部分第 8 章 8.3.4 节中的表 8.8,默认选择 $V_{R+}=AV_{CC}$,$V_{R-}=AV_{SS}$,默认参考电压为 3.3 V。

注意:ADC12REFx 控制位只有在 ADC10ENC=0 时才可被修改。

(2) 设置采样通道和转换模式。

采样通道是通过配置控制寄存器 ADC12CTL1 的控制位 ADC12CSTARTADDx 和存储控制寄存器 ADC12MCTL 的控制位 ADC12INCHx 设置的,通过控制寄存器 ADC12CTL1 的控制位 CONSEQx 进行转换模式选择。配置方法详见第 2 部分第 8 章 8.3.4 节中的表 8.7 和表 8.8。

注意:ADC12CSTARTADDx 控制位和 ADC12INCHx 控制位只有在 ADC10ENC=0 时才可被修改。

① 单通道采样:ADC12INCHx 控制位选择采样的输入通道,ADC12CSTARTADDx 控制位选择通道采样的值存入的存储寄存器(ADC12MEM0~ADC12MEM15)。

注意:单通道采样的采样值默认存入 ADC12MEM0。

② 序列通道采样:ADC12INCHx 控制位选择采样的输入通道,ADC12CSTARTADDx 控制位选择序列采样的值首个存入的存储寄存器。

注意:序列通道采样默认通道 0 的采样值存入 ADC12MEM0,通道 1 的值存入 ADC12MEM1,依次类推。

(3) 输入模拟信号。

模拟信号的输入范围为 $0 \sim (V_{R+}-V_{R-})$。若输入的模拟信号电压范围大于参考电压值($V_{R+}-V_{R-}$),则可以使用电阻分压进行降压或者使用运放将其缩小到参考电压范围。

(4) 采样触发及转换。

① 当采样触发器信号 SHI 出现上升沿时,将启动模/数转换,配置方法详见第 2 部分第 8 章 8.3.4 节中的表 8.7。

② 采样转换是通过控制寄存器 ADC12CTL0 的控制位 ADC12MSC 和存储控制寄存器 ADC12MCTL 的控制位 ADC12EOS 进行配置的,配置方法详见第 2 部分第 8 章 8.3.4 节中的表 8.6。

如果 ADC12MSC=1,则对于单通道,会不停地进行采样转换;而对于序列通道,会一直采样转换直到 ADC12EOS=1。

如果 ADC12MSC=0,则采样结束后,下一次采样的时间是下一个 SHI 信号的上升沿来时。

③ 模/数转换模块(ADC12)的内核是 12 位精度的模/数转换器,采样转换后的代码为 12 位,表示数值的取值范围为 0~4 095,结果存储在转换存储器(ADC12MEMx)中,输出满量程为 0FFFH,转换结果与 V_{R+} 与 V_{R-} 有关。输入模拟电压的转换编码 N_{ADC} 的公式如下:

$$N_{ADC}=4\,095 \times \frac{V_{in}-V_{R-}}{V_{R+}-V_{R-}}$$

(5) 确认转换结束的方式。

可以选择定时、查询或中断 3 种方式确认转换结束。

(6) 存放转换结果到存储寄存器,并采用查询或者中断方式读取数据。

2. 转换结束中断方式与中断服务程序

当 ADC12 中断请求被允许时，ADC12 模块的任何一个采样通道采样结束，程序都会执行 ADC12 中断服务程序，并可以通过在 ADC12 中断服务程序中查询相应的标志位来判断采样结束发生中断的通道，以便执行相关操作。

ADC12 中断服务程序定义如下：

```
#pragma vector = ADC12_VECTOR
__interrupt void ADC12_ISR(void)
{
    switch(__even_in_range(ADC12IV,34))
    {
        case  0: break;      //Vector  0: No interrupt
        case  2: break;      //Vector  2: ADC overflow
        case  4: break;      //Vector  4: ADC timing overflow
        case  6: break;      //Vector  6: ADC12IFG0
        case  8: break;      //Vector  8: ADC12IFG1
        case 10: break;      //Vector 10: ADC12IFG2
        case 12: break;      //Vector 12: ADC12IFG3
        case 14: break;      //Vector 14: ADC12IFG4
        case 16: break;      //Vector 16: ADC12IFG5
        case 18: break;      //Vector 18: ADC12IFG6
        case 20: break;      //Vector 20: ADC12IFG7
        case 22: break;      //Vector 22: ADC12IFG8
        case 24: break;      //Vector 24: ADC12IFG9
        case 26: break;      //Vector 26: ADC12IFG10
        case 28: break;      //Vector 28: ADC12IFG11
        case 30: break;      //Vector 30: ADC12IFG12
        case 32: break;      //Vector 32: ADC12IFG13
        case 34: break;      //Vector 34: ADC12IFG14
        default: break;
    }
}
```

注意：只有当 ADC12IV 的值是 0～34 的偶数时才会执行 switch 函数内的语句，目的是提高 switch 语句的效率。

3. 软件滤波采样结果

软件滤波是采用软件算法实现数字滤波。常用的软件滤波方法有程序判断法、中值判断法、算术平均值法、消抖滤波法、加权滤波法、滑动滤波法、低通滤波法和复合滤波法等。这里重点介绍算术平均值软件滤波法、消抖软件滤波法和中值判断软件滤波法。

(1) 算术平均值软件滤波法。

具体实现方法：连续进行 N 次采样后（如连续采样 5 次），去掉采样值中的最大和最小值，取其余值的平均值，把平均值作为有效数据，从而减少测量误差。

主要作用：该方法适用于对具有随机干扰的信号进行滤波。当取较大的 N 值时，信号平滑度较高，但灵敏度较低；当取较小的 N 值时，信号平滑度较低，但灵敏度较高。一般来说，对于流量，$N=10\sim12$；对于温度、压力，$N=4\sim5$。

(2) 消抖软件滤波法。

具体实现方法：设置一个计数器，将每次采样值与当前有效值进行比较。如果采样值等于当前有效值，则计数器清零。如果采样值小于或大于当前有效值，则计数器+1，并判断计数器是否溢出（即计数器的值大于或等于上限 N）。如果溢出，则将本次采样值替换当前有效值，并清计数器；否则，不替换。

主要作用：该方法对于变化缓慢的被测参数有较好的滤波效果，可避免由于反复开/关跳动等造成的数值抖动。

(3) 中值判断软件滤波法。

具体实现方法：连续采样 N 次（N 取奇数），把 N 次采样值从大到小排列，取中间值作为本次采样的有效值。

主要作用：该方法能有效克服因偶然因素引起的波动干扰，对温度、液位等变化缓慢的被测参数有良好的滤波效果。

三、实验内容

● (1) 编程实现：采用单通道单次采样模式，选择 A0 通道作为输入通道，模拟转换参考电压组合选择 ADC12 模块内部生成电压 2.5 V 和 AV_{SS}，转换结果存储在 ADC12MEM0 缓冲寄存器中。分析内容如下：

① 写出配置 ADC12 模块转换时钟源 ADC12CLK 的控制寄存器和控制位。

② 写出上述实验要求下 ADC12 模块的默认时钟源及其频率。

③ 写出配置 ADC12 模块参考电压的控制寄存器和控制位。

④ 分析上述实验要求下 ADC12 模块配置的参考电压与转换量程的关系。

⑤ 分析 ADC12 模块配置的时钟源与采样触发信号和转换信号是否有关。

⑥ 画出 ADC12 模块中的时钟源 ADC12CLK 和参考电压组合选择的结构框图。

提示：① 查看本教材附录 6 MSP430F5529 引脚图中 A0 通道的引脚端口。

② 设置断点，查看 ADC12MEM0 缓冲寄存器中存放的转换结果。

③ A0 通道的引脚端口不能直接接+5 V 或 3.3 V 电源，因为容易发生短路，烧坏核心板。

④ A0 通道的引脚端口可接核心板的 P6.5 引脚，通过调节拨盘开关得到模拟量并作为采样的模拟信号。

● (2) 采用单通道单次采样模式，模拟转换参考电压组合选择 ADC12 模块内部生成电压 1.5 V 和 AV_{SS}，转换结果存储在 ADC12MEM0 缓冲寄存器中，应用 MSP430F5529 片内温度传感器编程实现以下功能。

① 上电后立即读取片内温度传感器的 A/D 转换结果。

② 将 ADC12 的采样值转换为电压值。

③ 将 ADC12 的采样值依据转换曲线(图 10.4)转换为以摄氏度为单位的实测片内温度值(该温度值理论上应接近于室温)。

※★ ④ 在电子纸显示屏上显示温度值和电压值。

⑤ 分别比较上电时的温度和运行一段时间的温度,选取并采用软件滤波方法滤除电路中可能会出现的尖峰干扰。

⑥ 模拟转换参考电压组合选择:ADC12 模块内部生成电压 2.5 V 和 AV_{SS},对比分析其对温度值的测量精度有无影响。

提示:MSP430F5529 片内温度传感器选择 ADC12 的 A10 通道进行采样转换;温度采样时间大于 30 μs;为保留小数位,将计算转换后的温度值扩大 10 倍。依据转换曲线(图 10.4),片内温度值转换语句如下:

TEMP = (ADC12_Result/4096 * (V_{R+} − V_{R-}) − V_0)/(V_1 − V_0) * (T_{V1} − T_{V0}) * 10;

其中,ADC12_Result 为转换后的结果,(V_{R+} − V_{R-})是单位为毫伏(mV)的基准电压,V_0 为曲线图上环境温度为 T_{V0} 时对应的输出电压典型值,V_1 为曲线图上环境温度为 T_{V1} 时对应的输出电压典型值,转换公式计算得到的 TEMP 为扩大了 10 倍的温度值。

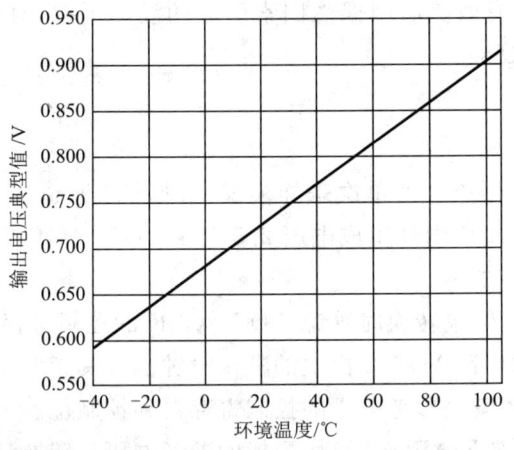

图 10.4 片内集成温度传感器温度转换曲线

※● (3) 应用扩展板上拨盘齿轮电位器(R4)编程实现以下功能:检测拨盘齿轮电位器的模拟电压值,实现对 5 个不同 LED 灯的亮灭控制。

提示:① 由拨盘齿轮电位器模块结构原理图(参见本教材第 2 部分第 9 章 9.3.1 部分)可知,在拨盘齿轮电位器产生模拟电压并送到 ADC12 模块的 A5 通道(P6.5)后,可以读取其缓冲寄存器中存放的转换结果。当齿轮转动后,模拟电压发生变化,缓冲寄存器中存放的转换结果也随之改变。

② 转动双路拨盘电位器,调节 ADC12 模块 A5 通道(P6.5)输入端的电压(0~3.3 V),然后依据电压值高低分为 5 挡,由 LED1~LED5 显示出电压值分挡后的效果,如电压最大值时 5 个 LED 灯都亮,电压最小值时 5 个 LED 灯全灭;也可以通过电子纸显示屏上显示的图形(或文字)左移或右移显示电压值分挡的效果,如电压最大值时图形(或文字)显示在屏

幕最右端，电压最小值时显示在屏幕最左端。

③ 采取单通道循环采样方式实现当 ADC12ON 为高电平时，ADC 转换器启动并等待转换开始的信号。此时，若 ADC12ENC 位为 1 且 ADC12SC 出现上升沿，则开始转换过程，并把每次转换的数据保存在 ADC12MEN0 中。

④ 在单通道循环采样方式下转换过程会循环进行，直到将 ADC12ENC 复位。

四、选做实验

※★（1）齿轮的转动方向控制电子纸屏幕上显示图形（或文字）的左移或右移。

※▲（2）应用扩展板上的温度传感器 TMP421 编程实现以下内容：定时读取温度传感器 TMP421 的本地和远程温度转换结果，计算其温度值并在电子纸屏幕上显示转换后的温度值。要求设置定时读取的间隔时间及可以通过转动齿轮进行显示调节。

分析内容：比较温度传感器 TMP421 与 MSP430F5529 片内温度传感器的转换结果，并分析其测温原理及影响因素。

提示：远程温度传感器 TMP421 是片外 I^2C 设备。

五、预习要求

(1) 复习 MSP430 系列微处理器的低功耗特性。
(2) 预习本教材第 2 部分第 8 章 8.3 节中模/数转换器 ADC12 模块的内容。
(3) 预习本实验预备知识中配置 ADC12 模块转换时钟和参考电压的方法。
(4) 预习本教材第 2 部分第 9 章 9.2.2 部分中温度传感器模块的内容。
(5) 预习本教材第 2 部分第 9 章 9.3.1 部分中拨盘电位器模块的内容。
★(6) 预习第 9 章内容，了解片外 I^2C 设备的特点和应用。
(7) 根据编程思路设计程序的结构与实现功能的方法，按照流程图实现代码的编写。
(8) 根据实验内容写出完整的预习报告（画出程序流程图并编写程序代码）。

六、实验报告要求

●(1) 根据实验结果画出正确的结构图、程序流程图，写出调试好的程序代码（对关键语句要求注释其方法或作用）、程序运行结果及结果分析。
●(2) 总结 MSP430F5529 芯片的 ADC12 模块有几种内部参考源？应该如何选择。
●(3) 写出模/数转换内核需要使用采样保持电路的原因，以及有哪些转换方式和其各自的特点。
●(4) 总结模/数转换模块是如何支持低功耗特性的。
★(5) 叙述如何采集负电压信号。
★(6) 叙述如何对正弦波或三角波进行模/数转换以实现计数功能的。
★(7) 叙述如何通过编程实现将采集的信号波形显示在屏幕上。

MSP430F5529 接口设计实验综合测试

一、测试要求

在规定时间(不多于 2 学时)内完成指定的命题任务,具体包括软件工程开发和硬件接口设计两部分,并具备在实现过程中进行软硬件联合调试的能力。

二、测试内容

1. 软件工程开发方面要求

(1) 掌握 CCS 环境下常用的运算符及其表达式,尤其是位操作配置外设寄存器的运用。
(2) 掌握 MSP430 系列微处理器软件开发流程和模块化程序设计的基本结构。
(3) 掌握数组和指针的应用以及内部和外部函数的定义、声明和调用方法。

2. 硬件接口设计方面要求

(1) 掌握 MSP430 系列微处理器典型输入/输出模块的结构、原理和功能以及简单应用。
(2) 掌握 MSP430 系列微处理器低功耗模式和中断应用。
(3) 掌握 TEB-CM5500-UPC 开发系统中典型模块的初始化及软硬件联合调试方法。

三、测试命题题型

设计接口电路并编程实现:
(1) 命题 1 控制 LED 灯的亮灭切换或循环显示等功能应用。
(2) 命题 2 电子纸显示屏的图形或计数显示等功能应用。
(3) 命题 3 典型模块(蜂鸣器、温度传感器及拨盘电位器模块)等功能应用。

四、测试评分标准

测试时会记录每位同学完成指定任务的耗时,在完成度相同的情况下,用时短的成绩高于用时长的;在指定时间内未完成者,由任课教师根据实际完成度评定成绩;测试过程中存在作弊现象者,取消测试资格,成绩记为零分。

具体评分标准如下:

评分项	设计方案合理(10%)	模块选择、接线及设置正确(20%)	硬件调试通过(10%)	程序设计功能完整(20%)	程序编译和链接通过(10%)	软硬件联调通过(10%)	运行结果有效(10%)	用时(10%)	测试总分
单项最高分	10	20	10	20	10	10	10	10	100
单项得分									

MSP430 系列微处理器综合设计实验

一、综合设计内容及要求

基于 MSP430 系列微处理器核心板,选用或扩展两种以上(含两种)硬件资源模块,并实现两种以上的功能(如显示功能、定时功能、A/D 转换功能等)。

综合设计题目自拟,设计方案及功能模块可结合生活实际,兼具实用性与创新性。

请各个团队保证在规定时间内完成综合设计任务,具体实现方法一般包括设计方案的制订、软件工程开发和硬件接口设计,并在实现过程中进行软硬件联合调试。

二、参考设计

基于 MSP430F5529 设计接口电路并编程实现:
(1) 方案 1 测温仪——按键开始测量,温度超过设定值报警闪灯。
(2) 方案 2 可调日光灯——通过按键输出不同占空比的 PWM 波,以此切换灯的亮度。

三、完成形式

以小组合作的方式完成综合设计项目,每组组长负责统筹规划、任务分工、组织协调,保证任务的顺利完成;各个组员应积极配合并完成承担的具体任务。

四、考核方式

分组答辩并提交综合设计资料(每组需提交一份),具体内容如下:
(1) "MSP430 系列微处理器综合设计"展示视频,包含功能展示及必要的讲解。
(2) 综合设计实验报告,内容应包括自主设计题目、小组成员及分工、设计技术路线、主要功能模块、软硬件系统设计框图、调试完成的源程序、开发过程中遇到的问题及心得体会等。必须以规范的格式撰写,具体格式参考本教材附录 1。

五、评分标准

评分项	设计方案及人员分工合理性(10%)	功能模块扩展性(20%)	软件编程复杂性(20%)	实现效果有效性(30%)	创新性(10%)	答辩表现(10%)	测试总分
单项最高分	10	20	20	30	10	10	100
单项得分							

<<< **第3部分**

虚拟仿真接口设计

第 11 章　虚拟仿真设计概述

随着计算机技术的发展,利用虚拟软件进行电路设计与仿真已经成为现代电子技术系统设计的必然趋势。本章将介绍基于虚拟仿真设计平台开展虚拟仿真实验的方法和设计过程。

11.1　虚拟仿真设计环境

Proteus 软件平台是由英国 Labcenter Electronics 公司开发的 EDA 工具软件,是基于 ProSPICE 混合模型仿真器的、完整的嵌入式系统软硬件设计仿真平台,其功能强大,集电路设计、制版及仿真等多种功能于一身,不仅能对电路进行设计与分析,还能对微处理器进行设计和仿真,已成为实践教学与科研的重要资源。从 Proteus7.5 版本开始提供 VSM for 8086 模块,增加对 8086CPU 的仿真,目前最新版本为 Proteus 8.9,为搭建培养学生综合设计和自主创新能力的实践平台提供了技术支撑。

虚拟仿真软件
安装演示

11.1.1　工程界面及布局

双击 Proteus 8 Professional 图标  ,出现环境界面如图 11.1 所示,打开已有工程界面如图 11.2 所示,仿真环境中源代码和原理图设计显示及常用功能布局如图 11.3 和 11.4 所示。

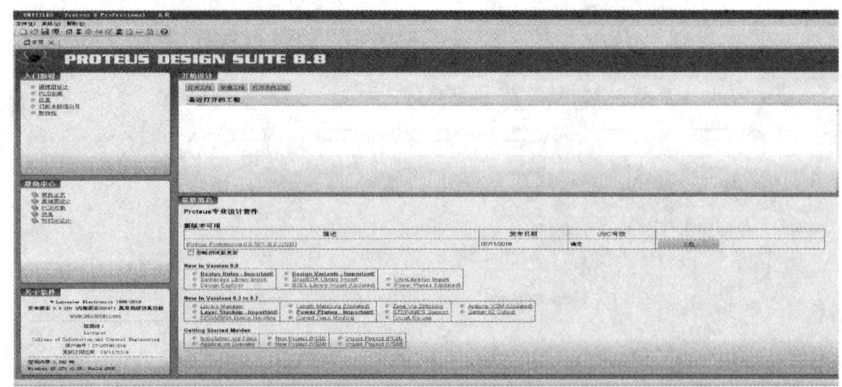

图 11.1　虚拟仿真设计环境界面

第11章 虚拟仿真设计概述

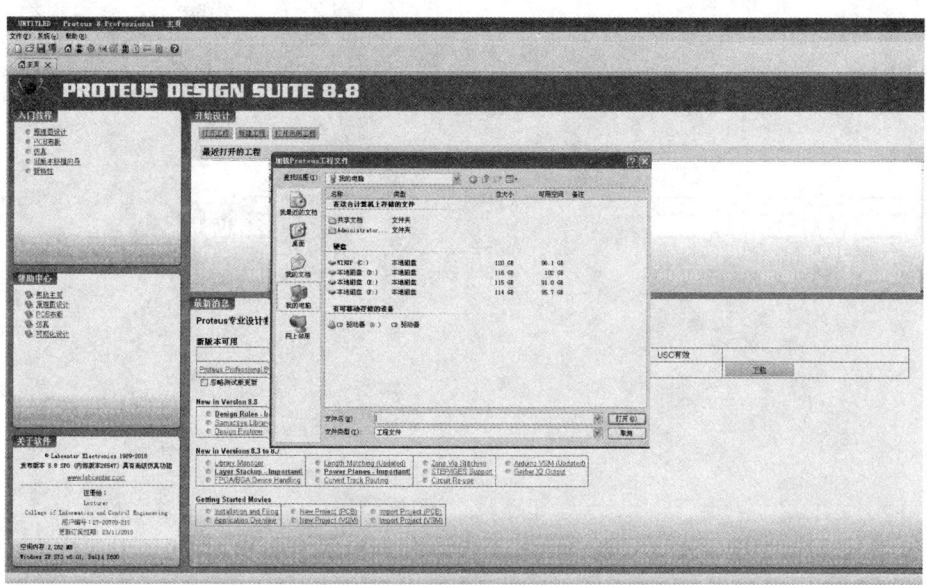

图 11.2 打开已有工程界面

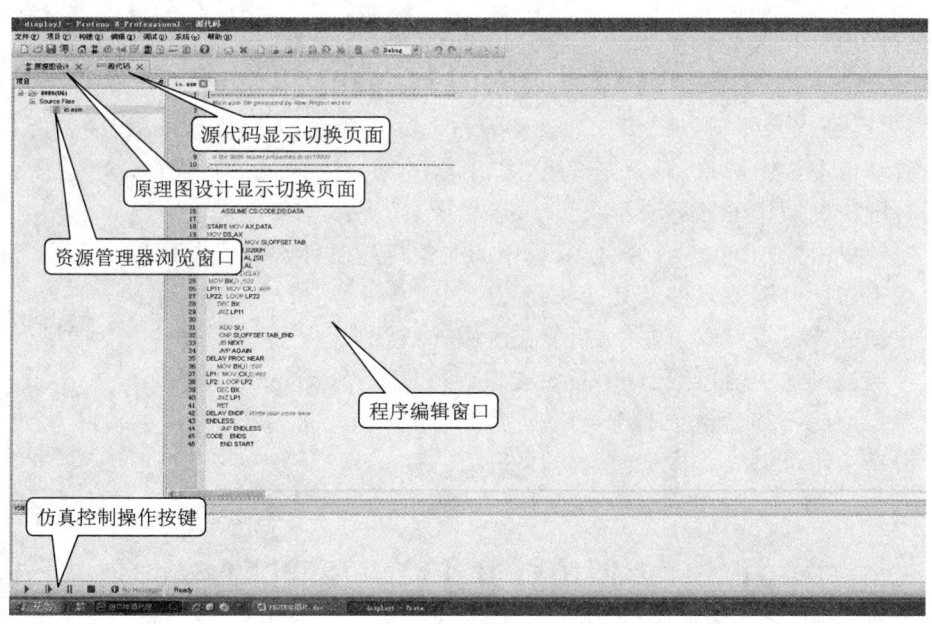

图 11.3 源代码显示及常用功能布局

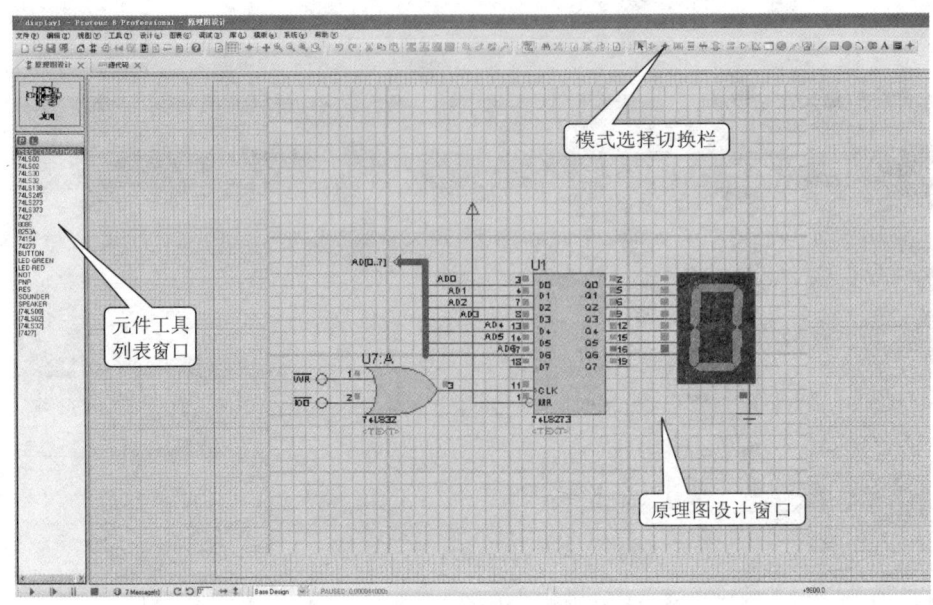

图 11.4 原理图设计显示及常用功能布局

11.1.2 对象选择及鼠标操作规则

1) 对象选择

首先用鼠标左键点击对应的对象按钮(如模式选项栏中的按钮),然后从对象选择窗中选择对象(如元件、仪表等)。

2) 鼠标操作

注意:与传统方式不同,Proteus 的鼠标操作右键是选取,左键是编辑或移动。

(1) 右键单击选中对象,对象变红色,弹出菜单,可以对对象进行操作。
(2) 右键拖曳操作可框选块对象。
(3) 左键单击操作可放置对象或对选中的对象进行属性编辑。
(4) 双击右键可删除元件及其连线。
(5) 在新的连接点上双击左键,可复制上一布线线段。
(6) 左键拖曳选中的连线、单个对象或块,可以进行移动。
(7) 单击滚轮可移动整个工作页面。
(8) 滑动滚轮可缩放工作页面。

11.2 虚拟仿真设计流程及调试方法

应用 Proteus 软件平台进行接口技术虚拟仿真设计,主要是通过新建工程、固件设置、编辑电路原理图、编写和添加源代码及仿真调试完成的。

11.2.1 新建工程和固件设置

新建工程项目和固件设置如图 11.5 和图 11.6 所示,其中固件设置包括控制器设置和编译器设置。

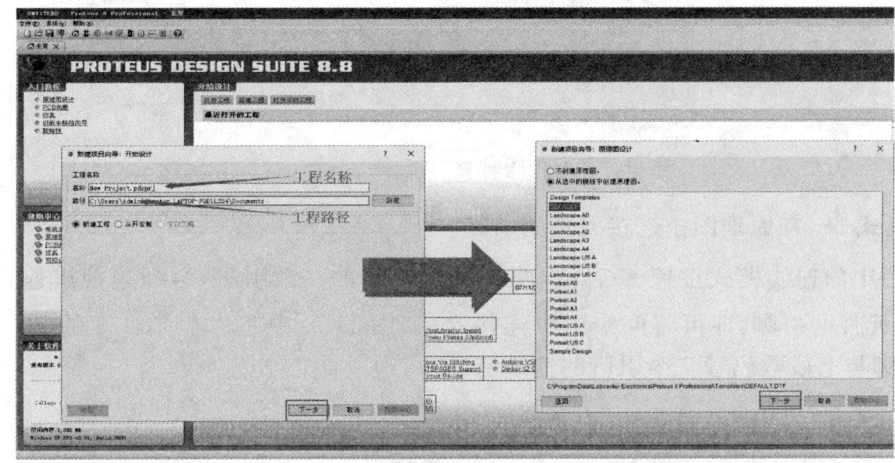

虚拟仿真环境下
新建工程操作演示

图 11.5 新建工程

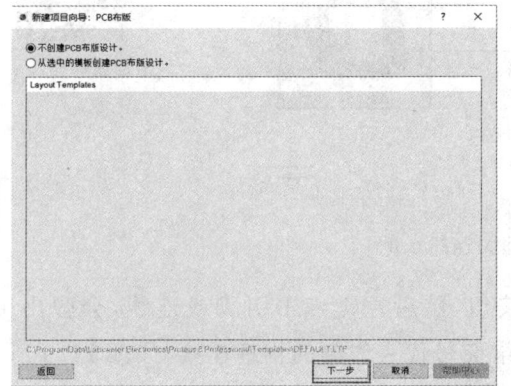
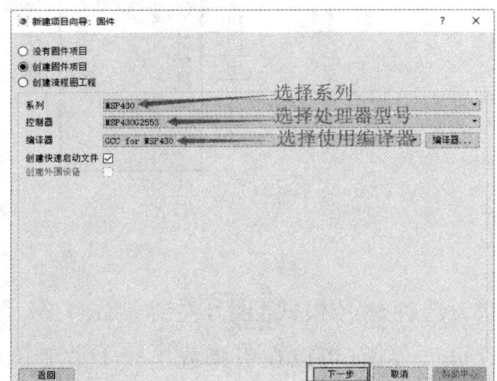

图 11.6 固件设置界面

11.2.2 编辑电路原理图

(1) 选择元件模式 ▷,查找并放置元件到原理图中。

点击模式选择栏中的元件模式按钮 ▷,点击界面中的 P 按钮并输入元件名称,即可在浏览窗口中看到该元件,如图 11.7 所示;然后在编辑窗口中的合适位置点击后即可放置该元件到原理图中。如果元件列表窗口中已经有所需的元件,则直接点击列表中的该元件名称,即可将其放置到原理图中。

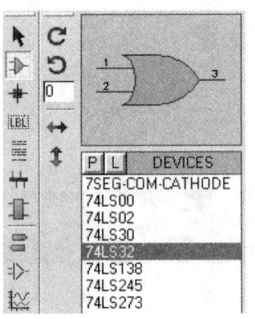

添加元件操作演示

图 11.7　元件模式

（2）选择连线模式 ，在原理图中连接元件的引脚。

点击模式选择栏中的连线模式按钮 ，点击需要连接元件的一端引脚，自动拖拽出连线后，再点击另一端元件的引脚，即可将两个引脚连接好，如图 11.8 中芯片 74LS273 的 2、5、6、9、12、15、16 引脚与七段数码管 7 个引脚的连线所示。

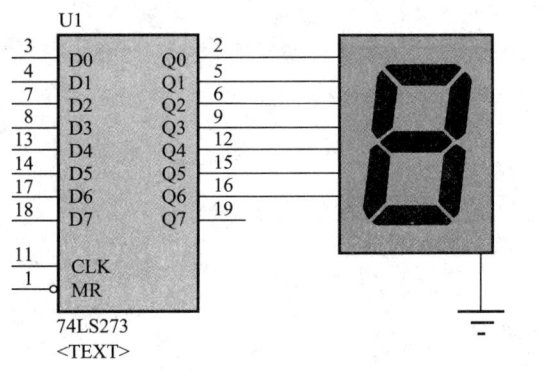

连线操作演示

图 11.8　原理图连线示例

（3）选择标号模式 ，左键点击 LBL 按钮，然后左键点击引脚或连线，会弹出 Edit Wire Label 界面，可以在引脚或连线上放置网络标号代表线路的物理连接，如图 11.9 所示。

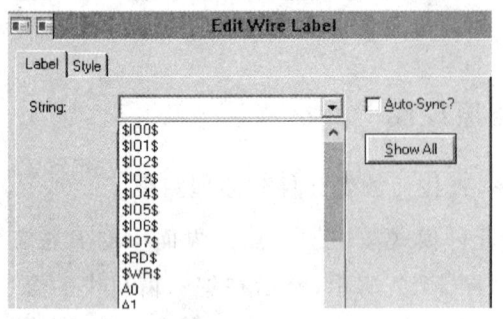

添加标号操作演示

图 11.9　标号模式

（4）选择总线模式 ，如图 11.10 中的 AD[0..7]总线必须在总线模式下划一条总线添加到原理图中。String 中输入 AD[0..7]，表示该总线名为 AD，包括 AD0～AD7 共 8 根连接线，确定后即可利用这根总线进行逻辑连接。

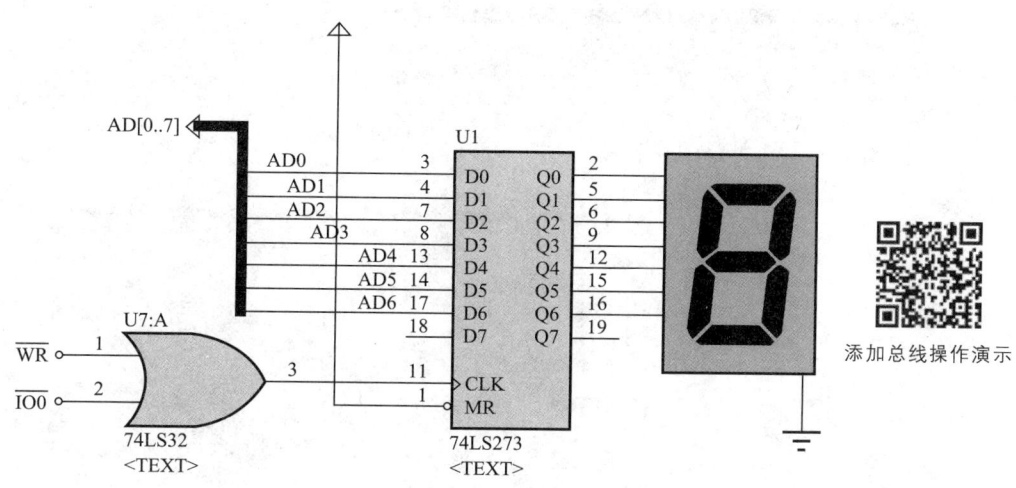

图 11.10 原理图示例

(5) 选择终端模式 ▯，添加终端端子到原理图中，如图 11.10 中的 ↑、⏚、○、← 所示。具体功能见表 11.1。

表 11.1 终端端子符号及功能表

终端端子符号	功　能
↑	表示 POWER,电源的默认值是 +5 V
⏚	表示 GROUND,地的默认值是 0 V
○	表示默认端子
←	表示总线端子

11.2.3 添加源代码和原理图设计

如图 11.11 所示，点击软件功能选择栏中的"源代码"功能栏，可以添加源代码；点击"原理图设计"功能栏，可以切换到原理图设计界面，然后参照本章 11.2.2 小节中的内容进行原理图的设计。

添加总线操作演示

编写源程序操作演示

11.2.4 链接编译代码

点击工具栏中的 ▦，如果输出窗口中报错，即可双击错误提示信息，进入"源代码"功能界面，到源程序中进行修改；如果输出窗口中显示"编译成功"信息，则说明编译代码正确，无语法错误，可进行仿真调试。

构建工程文件操作演示

11.2.5 仿真调试

(1) 点击图 11.12 中仿真控制操作按键 ▶ ▶▶ ⏸ ■ 中的 ▶ 运行按钮，可以全速运行并观察仿真效果。

单步调试查错操作演示

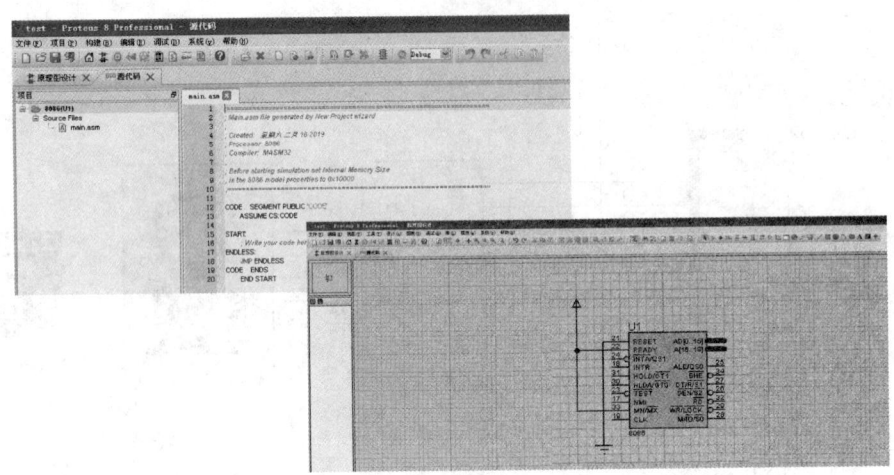

图 11.11　添加源代码和原理图设计

点击单步按钮 ▶，可以进入源代码调试状态。调试时可以设置断点，同时观察内外存储器状态以及 CPU 和外设（如 LCD）的寄存器内容。

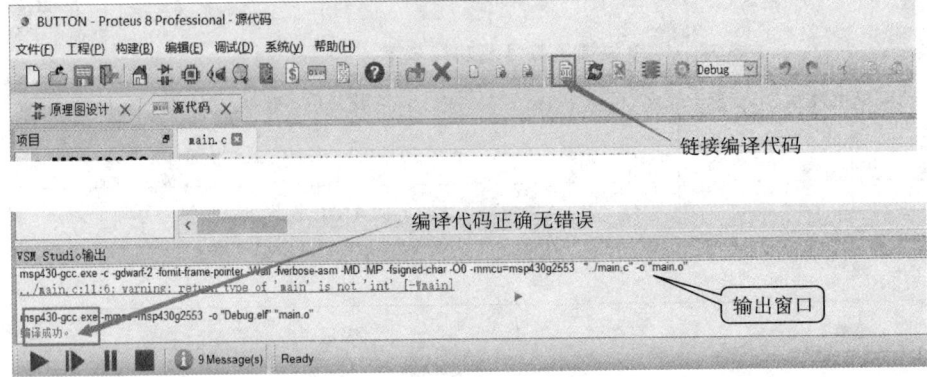

图 11.12　链接编译

（2）全速执行程序，观察仿真效果，或单步执行调试程序。

① Proteus 软件提供了 5 个代码调试功能 ，分别是运行仿真、单步、跳进函数、跳出函数、跳到光标处。

② Proteus 软件有 4 个调试窗口，分别是源代码/原理图设计窗口、存储器窗口、寄存器窗口和变量窗口。

仿真调试步骤如下：

第一步，结合代码调试功能，观察原理图设计窗口的情况，以及存储器窗口、寄存器窗口、变量窗口的变化情况。

第二步，点击运行按钮全速执行程序，观察最终仿真效果。

第 12 章　虚拟仿真综合设计实验

本章是在现有硬件实验系统 TPC-UPC-ZK 的基础上,融合基于微处理器的系统仿真设计而开展的"虚实结合"综合设计实验。

※★ I/O 接口综合设计

一、实验目的

(1) 掌握数码管显示原理和显示接口设计方法。
(2) 掌握常用 I/O 接口芯片的功能和 I/O 接口电路设计方法。
(3) 掌握应用虚拟仿真工具设计 I/O 接口的方法。

二、实验步骤

本实验项目开展流程图如图 12.1 所示。

1. 基础训练环节

(1) 预习本教材第 1 部分第 3 章 3.5.3 部分七段数码管显示电路,掌握数码管显示原理。

(2) 预习本教材第 3 部分第 11 章的内容,掌握虚拟仿真设计软件的功能和使用方法,并进行常用元件仿真功能测试训练和 I/O 接口芯片仿真功能测试训练。

(3) 预习本实验设计内容范例和参考范例内容,查阅相关文献资料,自主制订设计方案。

2. 综合设计训练环节

(1) 自主设计电路原理图。

注意:为了进一步开展"虚实结合"设计实验,I/O 地址的选择范围为 $\overline{280H}\sim\overline{2BFH}$,分 8 组输出 ($\overline{Y0}\sim\overline{Y7}$),这是基于现有 TPC-UPC-ZK 实验系统的 I/O 地址译码电路得到的。

(2) 在虚拟仿真设计环境下进行汇编程序编程及软硬件仿真调试。

8086 最小系统与译码端口地址操作演示

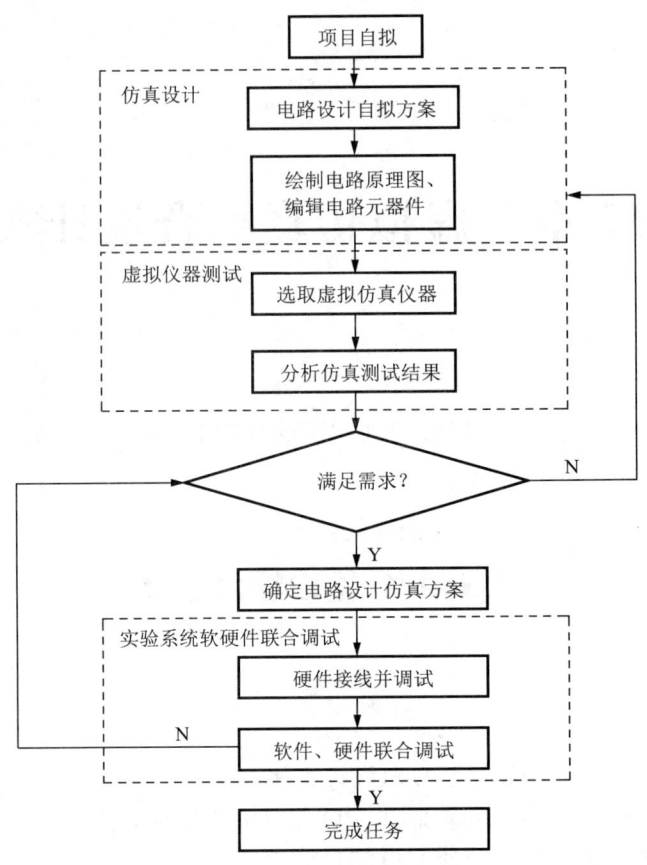

图 12.1　实验项目开展流程图

3. "虚实结合"训练环节

(1) 将虚拟仿真设计移植到 TPC-UPC-ZK 实验系统中,要求实现硬件接线和软件编程。

(2) 基于现有 TPC-UPC-ZK 实验系统进行软硬件联调,完成设计任务。

※★ 三、设计内容及参考范例

1. 内容设计

设计一个简单的交通信号灯控制系统,用 LED1~LED6 表示两组信号灯,每组红灯、绿灯、黄灯各 1 只。要求设计实现信号灯的定时切换显示(每 10 s 切换一次),并参考下述范例 1、2、3,运用数码管实现信号灯的倒计时显示功能及其他扩展功能(如切换闪烁提醒、左拐信号灯控制功能、行人信号灯控制功能等)。

提示:定时功能可利用软件延时(或定时器)实现(利用定时器输出作为中断申请,利用中断处理切换 LED 的显示),LED 状态可用内存保存或用 I/O 端口读取。

2. 参考范例 1　数码管循环显示单字符(0~9)

(1) 要求设计实现控制 1 位共阴极 LED 数码管每隔一段时间从 0~9 循环显示。

静态显示原理:数码管在显示过程中持续得到位选信号(共阴极数码管位控端口接地)。参考范例1的电路设计原理图如图12.2所示。参考范例1的程序流程图如图12.3所示。

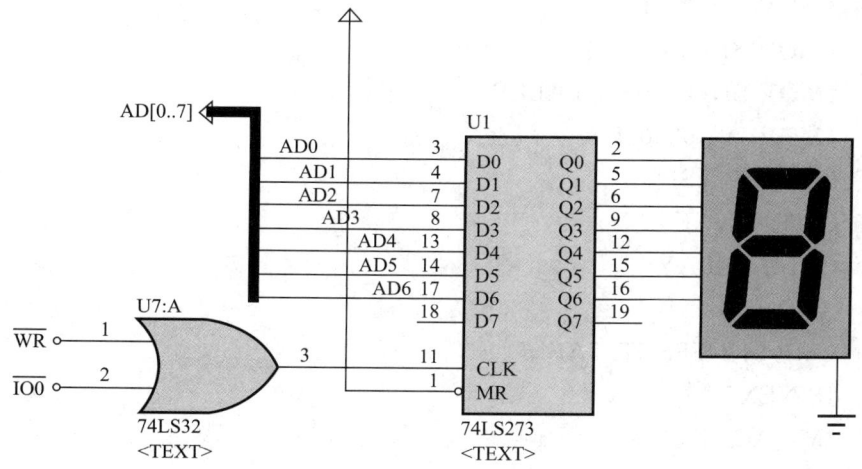

图12.2　参考范例1电路设计原理图

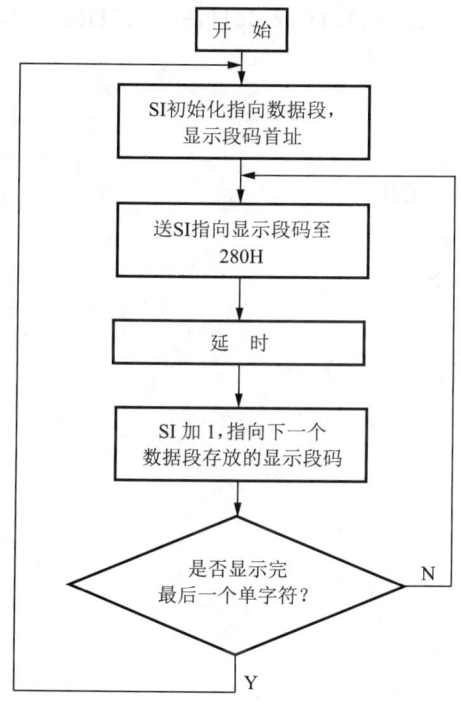

图12.3　参考范例1程序流程图

(2)参考范例1的源程序。
CODE SEGMENT
　　ASSUME CS:CODE,DS:DATA,SS:STACK
START:MOV AX,DATA
　　　 MOV DS,AX

```
            MOV AX,STACK
            MOV SS,AX
            MOV AX,TOP
            MOV SP,AX
AGAIN:      MOV SI,OFFSET TABLE
            MOV DX,0280H
NEXT:       MOV AL,[SI]
            OUT DX,AL
            CALL DELAY
            ADD SI,1
            CMP SI,OFFSET TABLE_END
            JB NEXT
            JMP AGAIN
;数据段
DATA SEGMENT
    TABBLE DB 3FH,06H,5BH,4FH,66H,6DH,7DH,07H,7FH,6FH
    TABBLE_END=$
DATA ENDS
;堆栈段
STACK SEGMENT 'STACK'
    STA DB 100 DUP(0)
    TOP EQU LENGTH STA
STACK   ENDS
DELAY PROC NEAR
      MOV BX,500
LOOP1:MOV CX,469
LOOP2:LOOP LOOP2
      DEC BX
      JNZ LOOP1
      RET
DELAY ENDP
        CODE ENDS
        END START
```

(3) 仿真调试。

全速执行程序,观察仿真效果,或单步执行调试程序。8086CPU 提供了 4 个调试窗口,即源代码窗口、存储器窗口、寄存器窗口和变量窗口。

(4) 虚拟仪器测试。

根据测试要求,加入需要的虚拟仪器进行测试。Proteus VSM 仿真工具提供了电压及电流探针、双踪示波器、逻辑分析仪、计数/定时器、虚拟终端、SPI调试器、I²C调试器、信号发生器、图案发生器、交直流电压/电流表等虚拟仪器。

3. 参考范例2和3 动态显示

（1）利用数码管同时显示两个不同字符，如"EF"。

提示1：将段码引脚A～G接高电平段亮、低电平段灭，段码控制显示字符的字型；将位码引脚$\overline{S0}$～$\overline{S7}$接相应位置的数码管低电平有效、高电平无效（关闭），引脚悬空默认为高电平。位码控制显示位的亮（开）或暗（关）。

提示2：注意段码和位码的输出口地址的选取方法。

提示3：动态扫描显示是逐个控制各数码管的位控端口，以使各数码管轮流点亮。在轮流点亮数码管的扫描过程中，每位数码管的点亮时间极为短暂（约1 ms），但由于人的视觉暂留现象及发光二极管的余晖，给人的印象就是一组稳定的显示数据。

① 参考范例2的电路设计原理图如图12.4所示。
② 参考范例2的程序流程图如图12.5所示。

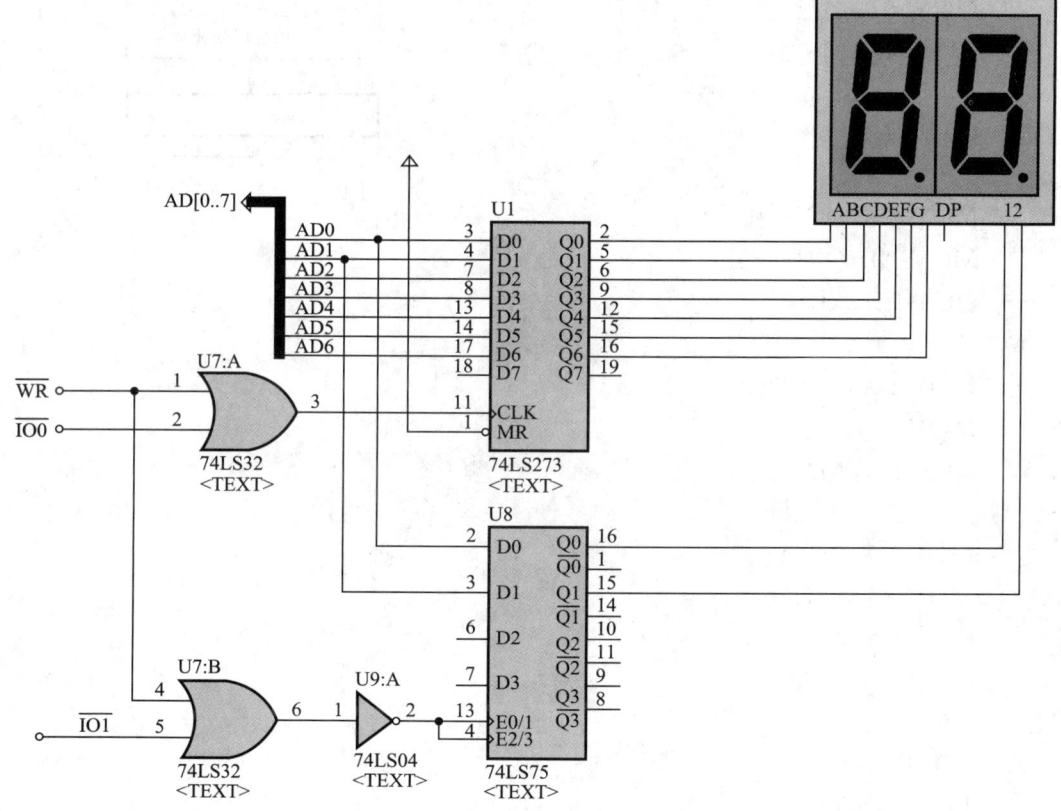

图12.4 参考范例2电路设计原理图

(3) 参考范例 2 的源程序。

```
CODE SEGMENT
ASSUME CS:CODE
START:MOV CX,1000
ABC:
        MOV DX,288H
        MOV AL,03H
        OUT DX,AL

        MOV DX,280H
        MOV AL,79H
        OUT DX,AL

        MOV DX,288H
        MOV AL,01H
        OUT DX,AL

        CALL DELAY

        MOV DX,288H
        MOV AL,03H
        OUT DX,AL

        MOV DX,280H
        MOV AL,71H
        OUT DX,AL

        MOV DX,288H
        MOV AL,02H
        OUT DX,AL
        CALL DELAY

        LOOP ABC
        JMP START

        DELAY PROC NEAR
        PUSH BX
        PUSH CX
        MOV BX,1
```

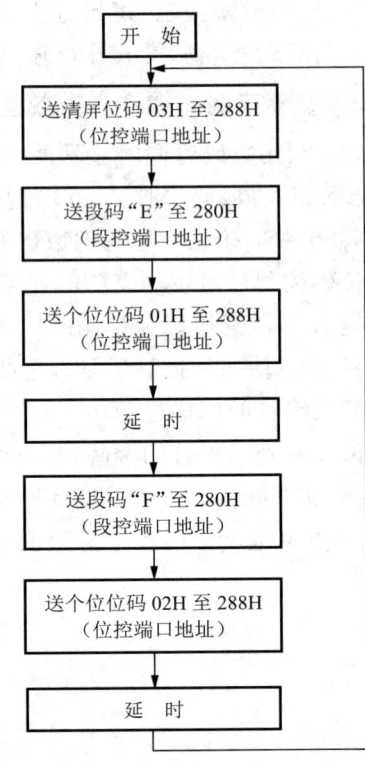

图 12.5　参考范例 2 程序流程图

```
LP1：MOV CX,300
LP2：LOOP LP2
DEC BX
JNZ LP1
POP CX
POP BX
RET
DELAY ENDP
    CODE ENDS
        END START
```

（2）利用数码管实现循环显示数字（0～99）。
① 参考范例 3 的电路设计原理图如图 12.4 所示。
② 参考范例 3 的程序流程图如图 12.6 所示。
③ 参考范例 3 的源程序。

```
CODE SEGMENT
ASSUME CS：CODE，DS：DATA，SS：STACK
START：
    MOV AX,DATA
    MOV DS,AX
    MOV AX,STACK
    MOV SS,AX
    MOV AX,TOP
    MOV SP,AX
    MOV SEC,0
    MOV CX,10
LP1：
    MOV DX,288H
    MOV AL,03H
    OUT DX,AL

    MOV DX,280H
    MOV BL,SEC
    AND BX,0FH
    MOV SI,BX
    MOV AL,TABLE[SI]
    OUT DX,AL
```

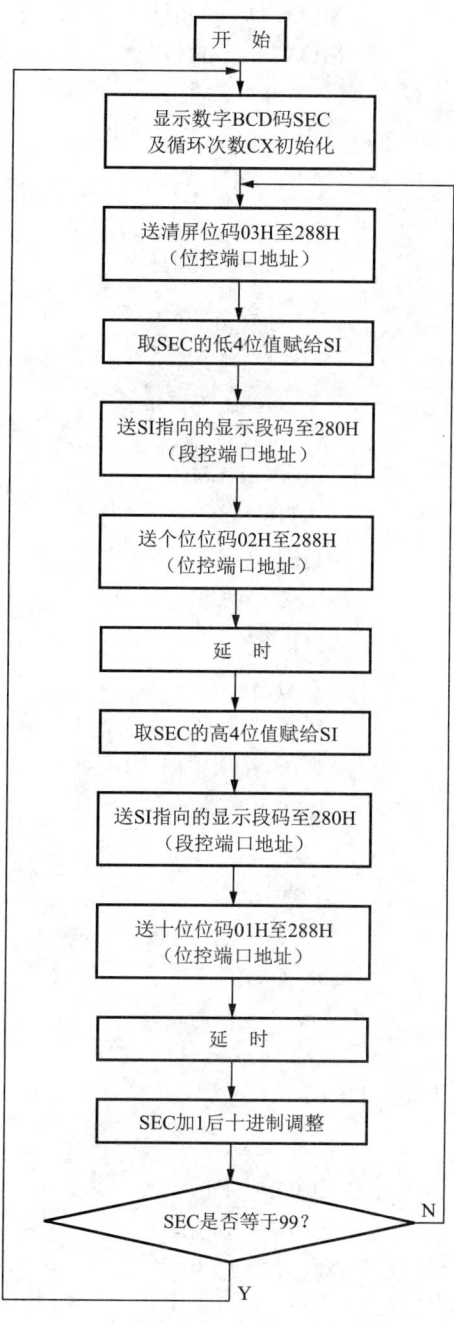

图 12.6 显示数字（0～99）参考范例 3
程序流程图

```
        MOV DX,288H
        MOV AL,02H
        OUT DX,AL

        CALL DELAY

        MOV DX,288H
        MOV AL,03H
        OUT DX,AL

        MOV DX,280H
        MOV BL,SEC
        AND BL,11110000B
        PUSH CX
        MOV CL,4
        SHR BX,CL
        AND BX,0FH
        MOV SI,BX
        MOV AL,TABEL[SI]
        OUT DX,AL

        MOV DX,288H
        MOV AL,01H
        OUT DX,AL

        CALL DELAY

        POP CX
        LOOP LP1
        MOV CX,10
        MOV AL,SEC
        ADD AL,1
        DAA
        MOV SEC,AL
        CMP SEC,99H
        JB LP1
        JMP AGAIN
        ;数据段
        DATA SEGMENT
```

```
        SEC DB 00H
        TABLE DB 3FH,06H,5BH,4FH,66H,6DH,7DH,07H,7FH,6FH
        DATA ENDS
        ;堆栈段
        STACK SEGMENT 'STACK'
            STA DB 100 DUP(0)
            TOP EQU LENGTH STA
        STACK  ENDS
        DELAY PROC NEAR
        PUSH BX
        PUSH CX
        MOV BX,1
        LP1：MOV CX,300
        LP2：LOOP LP2
        DEC BX
        JNZ LP1
        POP CX
        POP BX
        RET
        DELAY ENDP
        CODE ENDS
            END START
```

※★ 四、实验内容

(1) 学习参考范例内容,掌握数码管显示原理和显示接口设计方法,以及基于现有 TPC-UPC-ZK 实验系统和 TPC-USB 开发环境的软硬件联合调试实现方法。

(2) 设计性扩展实验。

利用现有实验设备提供的软硬件条件,在范例内容"数码管显示"的基础上进行设计性扩展实验,方案可根据个人兴趣或专业知识自主制订,要求设计内容必须包含显示功能模块。例如:交通信号灯设计、时钟显示设计、抢答器设计、简易计算器设计等(参见设计内容及参考范例)。如果所设计方案在虚拟仿真环境下可以实现,但是现有实验系统已有资源不能满足设计要求,则可对硬件部分进行合理简化。

五、注意事项

(1) 结合基础训练环节,利用预习环节查阅资料自主制订设计方案,灵活应用多种接口芯片的功能与使用方法。

(2) 在虚拟仿真环境下自主设计接口电路(I/O 地址译码电路设计已给出,可省略)。

(3) 将软件仿真的结果移植到硬件实验箱 TPC-UPC-ZK 上,体验从仿真到应用的科学设计流程,训练科学思维和探索精神。要求利用现有实验系统 TPC-UPC-ZK 和 TPC-USB 开发环境完成硬件接线调试及软硬件联合调试。

(4) 提交资料包括工程项目文件(包括电路设计原理图和源程序代码)、演示运行结果的视频或动图文件,以及(电子版)实验报告。实验报告格式参见本教材附录1。(电子版)实验报告内容应包括自主设计的实验项目名称、实验目的、实验内容,以及电路设计原理图、程序流程图、源程序代码等相关设计、调试内容和实验结果。

(5) 源程序需加上必要的注释。

(6) 实验结果中应总结实验过程中出现的问题及解决问题的过程和方法。

六、思 考

(1) 实验测试验证后,你认为你的设计方案合理吗?最具特色的是什么方面?需要进一步完善的内容和方法有哪些?

(2) 总结你在设计实验时遇到的问题和解决问题的方法及过程。

(3) 观察数码管动态显示延时时间长短对显示效果的影响。你认为显示接口设计的关键是什么?

附录1　实验报告基本格式

实验项目名称(自主设计实验项目名称)

一、实验目的
(应包括实验基本原理和相关知识点)

二、实验内容
1. 设计方案的提出
(应包括设计要求、系统总体框架、功能模块以及创新点)

2. 实验方法
(应包括程序流程图、硬件电路原理图、调试正确的源程序代码以及关键问题的解决方法)

3. 实验步骤
(应包括实现流程、调试方法及关键步骤的截图)

三、结果与分析
(总结实验观察到的现象、结果,并结合关键截图进行分析讨论)

四、问题讨论
(结合所学理论知识,对实验中观察到的现象、调试中遇到的问题、解决问题的方法等进行分析和讨论,提出设计过程中应注意的事项和进一步的改进方案)

注意:本实验报告格式为基本实验报告格式,特殊要求详见各具体实验项目的实验报告要求。

附录 2　DEBUG 调试命令

DEBUG.EXE 是 DOS 提供的用于调试可执行程序的工具软件，是汇编语言程序设计中常用的调试工具。在 DEBUG 环境下，不仅可以调试经汇编、链接后生成的可执行程序，也可以编写简单的程序。在 DEBUG 环境中可以直接检查和修改内存单元及寄存器的内容，装入、存储及启动运行程序，使用户更加了解计算机的内部运行状况。常用的 DEBUG 调试命令有 U、R、T、D、G 和 Q 命令，见附表 2.1。

附表 2.1　DEBUG 常用调试命令

命　令	功　能	格　式	示　例
U 命令	反汇编	① U[address] ② U[range] ③ U 其中，address 为段寄存器名:位移（即段地址:位移），即从指定地址开始，反汇编 32 个字节，也就是将机器码翻译成汇编语句。如果 address 被省略，则从上一条 U 命令的最后一条指令的下一个单元开始显示 32 个字节。range 是指＜开始地址＞到＜终止地址＞。该命令是对指定范围内的存储单元进行反汇编	-U 开始地址　从开始地址反汇编 32 个字节
R 命令	检查和修改寄存器内容	① R ② R[register name] ③ RF	-R　显示 CPU 内所有寄存器内容、标志位状态以及将要执行的下一条指令的地址、代码及汇编形式等 -R AX　显示和修改 AX 寄存器内容 -R RF　显示和修改标志位状态
T 命令	跟　踪	① -T[=address] 逐条指令跟踪。该命令从指定地址起执行，执行一条指令后停下来，显示所有寄存器内容及标志位的值；若没有指定地址，则从当前的 CS:IP 开始执行。 ② -T[=address][Value] 多条指令跟踪。该命令从指定地址起执行，执行 n 条指令后停下来，n 由 Value 指定	-T=开始地址 -T 其中，开始地址为要执行的那条指令的起始地址。当执行第一条包含开始地址的 T 命令后，随后逐条执行 T 命令时，以后的 T 命令可不再带起始地址。这是因为 IP 总是指向下一条将要执行的指令

续表

命　令	功　能	格　式	示　例
D 命令	显示存储单元	① D[address] ② D[range] ③ D 　其中，address 为段寄存器名:位移（即段地址:位移）；range 范围是＜开始地址＞到＜终止地址＞指定的连续单元	-D DS:100 120　按指定范围显示 DS 段 100H～120H 存储单元内容 -D　初次使用会显示 CS:100 起始的 80H 字节的内容；若非初次，则将紧接着上次的存储单元显示后 80H(128)字节的内容
G 命令	逻辑与	-G -G=[address] -G=[address][[breakpoint1][,breakpoint2]...] 　其中，address 为指定的运行起始地址，如不指定则从当前的 CS:IP 开始运行。breakpoint1、breakpoint2 等为断点地址。从 address 指示的地址开始运行，当指令执行到断点地址时，停止执行并显示当前所有寄存器及标志位的内容以及下一条将要执行的 T 指令	-G=CS:100,10F　指定程序从当前的 CS:0100H 开始运行，到 010FH 处中断
Q 命令	退　出	-Q　退出 DEBUG，返回 DOS	—

附录 3　DOS 功能调用

系统功能调用是 DOS 为系统程序员及用户提供的一组常用子程序。这里简单说明 DOS 系统功能调用方法。DOS 共提供了约 80 个功能调用,大致分为设备管理、文件管理和目录管理等几类。DOS 规定用中断指令 INT 21H 进入各功能调用子程序的总入口,再为每个功能调用规定一个功能号,以便进入相应各个子程序的入口,即每个子程序都有相应的编号。另外,有些子程序在调用时还需一些条件,例如要设置一些输入或输出缓冲区指针等,这些条件称为入口参数。子程序调用之后的结果会存在一些寄存器中,这就是出口参数。常用的 DOS 键盘操作和显示(INT 21H)功能调用见附表 3.1 和附表 3.2。一般功能调用的步骤如下:

(1) 根据所调用功能的规定,设置入口参数。
(2) 把要调用功能的功能号送入 AH 寄存器中。
(3) 用 INT 21H 指令转入子程序入口。
(4) 相应的子程序运行完后,可以按规定取得出口参数。

注意:在实际的功能调用中,根据不同的功能和实际的应用情况,步骤(1)和(4)有时可略去,但步骤(2)和(3)绝不能省略。

附表 3.1　DOS 键盘操作(INT 21H)

功能号	功　能	入口参数	出口参数
01H	从键盘输入单字符并回显在屏幕上 检测\<Ctrl\>\<Break\>	无	AL＝键入的单字符 （ASCII 码）
06H	读键盘字符	DL＝0FFH （输入功能）	AL＝输入的单字符 （如果准备好） AL＝00H （未准备好）
07H	从键盘输入一个字符,不回显	无	AL＝输入的单字符
08H	从键盘输入一个字符,不回显 检测\<Ctrl\>\<Break\>	无	AL＝输入的单字符
0AH	键盘输入字符串到指定的缓冲区	DS:DX＝缓冲区首址	
0BH	读键盘状态		AL＝0FFH 有键入 AL＝0 无键入

续表

功能号	功　能	入口参数	出口参数
0CH	清除键盘缓冲区， 并调用一种键盘功能	AL=键盘功能号 （01、06、07、08 或 0AH）	

附表 3.2　INT 21H 显示操作

功能号	功　能	入口参数	备　注
02H	显示一个字符 （检验 Ctrl＋Break）	DL=要输出的字符	光标跟随字符移动
06H	显示一个字符 （不检验 Ctrl＋Break）	DL=要输出的字符 （输出功能）	
09H	显示字符串	DS:DX=字符串首地址	字符串必须以 ＄ 结尾， 如'12345＄'或'12345'或'＄' 光标跟随字符移动

程序结束的系统功能调用有 00H、31H 和 4CH，它们都有终止程序的作用。现以 4CH 功能调用为例，说明用户编程中程序结束的方法之一。

```
CODE    SEGMENT
            ⋮
START：
            ⋮
        MOV DL,'A'      ;设置入口参数,要显示的字符为'A'
        MOV AH,2        ;功能调用 2
        INT 21H
        MOV AH,4CH      ;功能调用 4CH,终止当前程序并返回调用程序
        INT 21H
CODE    ENDS
        END START
```

编写一段完整的源程序时，要包含可执行的结束语句，使用 4CH 功能调用终止当前程序并返回调用程序时，要灵活掌握其用法。一般在 DEBUG 环境中进行程序调试时，不执行 MOV AH,4CH 和 INT 21H 这两个语句，防止跳出 DEBUG 而返回 DOS。但在 DOS 环境下直接运行 EXE 文件时，用户程序中一定要有程序结束的相关语句。

附录 4 汇编程序出错信息

附表 4.1 汇编程序出错信息表

编码	说明
00	Block nesting error 嵌套过程、段、结构、宏指令、IRP、IRPC 或 REPT 不是正确结束。如嵌套的外层已终止,而内层还是打开状态
01	Extra characters on line 语句行中已接受了定义指令的足够信息,但又出现了多余的字符
02	Register already defined 汇编内部出现逻辑错误
03	Unknown symbol type 在符号语句的类型字段中,有些不能识别的类型
04	Redefinition of symbol 在第二遍扫视时,接着又定义一个符号
05	Symbol is multi-defined 重复定义一个符号
06	Phase error between passes 程序中有模棱两可的指令,以至于在汇编程序的两次扫视中,程序标号的位置在数值上改变了
07	Already had ELSE clause 在 ELSE 从句中试图再定义 ELSE 从句
08	Not in conditional block 在没有提供条件汇编指令的情况下指定了 END IF 或 ELSE
09	Symbol not defined 符号没有定义
10	Syntax error 语句的语法与任何可识别的语法不匹配
11	Type illegal in context 指定的类型在长度上不可接收

续表

编码	说　　　明
12	Should have been group name 给出的组合不符合要求
13	Must be declared in pass 1 得到的不是汇编程序所要求的常数值,例如向前引用的向量长度
14	Symbol type usage illegal PUBLIC 符号的使用不合法
15	Symbol already different kind 企图定义与以前定义不同的符号
16	Symbol is reserved word 企图非法使用一个汇编程序的保留字,例如声明 MOV 为一个变量
17	Forward reference is illegal 向前引用非法或以前未定义
18	Must be register 希望寄存器作为操作数,但用户提供的是符号而不是寄存器
19	Wrong type register 指定的寄存器类型并不是指令中或伪操作中所要求的,例如 ASSUME AX
20	Must be segment or group 希望给出段或组
21	Symbol has no segment 想使用带有 SEG 的变量,而这个变量不能识别段
22	Must be symbol type 必须是 WORD、DW、QW、BYTE 或 TB,但接收的是其他内容
23	Already defined locally 试图定义一个符号作为 EXTERNAL,但这个符号已经在局部定义过了
24	Segment parameters are changed SEGMENT 的自变量表与第一次使用这个段的情况不一样
25	Not proper align/combine type SEGMENT 参数不正确
26	Reference to mult-defined 指令引用的内容已是多次定义过的
27	Operand was expected 汇编程序需要的是操作数,但得到的却是其他内容

续表

编码	说　　明
28	Operator was expected 汇编程序需要的是操作符,但得到的却是其他内容
29	Division by 0 or overflow 给出一个用0作除数的表达式
30	Shift count is negative 移位表达式产生的移位计数值为负数
31	Operand type must match 自变量的长度或类型应该一致
32	Illegal use of external 用非法手段进行外部使用
33	Must be record field name 需要的是记录字段名,但得到的是其他内容
34	Must be record or field name 需要的是记录名或字段名,但得到的是其他内容
35	Operand must have size 需要的是操作数的长度,但得到的是其他内容
36	Must be var, label or constant 需要的是变量、标号或常数,但得到的是其他内容
37	Must be structure field name 需要的是结构字段名,但得到的是其他内容
38	Left operand must have segment 右操作数所用的某些东西要求左操作数必须有一个段,例如":"
39	One operand must be const 加法指令的非法使用
40	Oprands must be same or labs 减法指令的非法使用
41	Normal type operand expected 当需要变量、标号时,得到的却是 STRUCT、FIELDS、NAMES、BYTE、WORD 或 DW
42	Constant was expected 需要的是一个常量,得到的却是其他内容
43	Operands must have segment SEG 伪操作使用不合法

续表

编码	说　　明
44	Must be associated with data 有关项用的是代码，而这里需要的是数据，例如一个过程的 DS 取代
45	Must be associated with code 有关项用的是数据，而这里需要的是代码
46	Already have base register 试图重复基址
47	Already have index register 试图重复变址地址
48	Must be index or base register 指令需要基址或变址寄存器，而指定的是其他寄存器
49	Illegal use of register 在指令中使用了 8086 指令中没有的寄存器
50	Value is out of range 数值超出使用范围，例如将 DW 传送到寄存器中
51	Operand not in IP segment 由于操作数不在当前 IP 段中，因此不能存取
52	Improper operand type 使用的操作数不能产生操作码
53	Relative jump out of range 指定的转移超出了允许的范围（−128～+127 字节）
54	Index displacement must be constant 试图使用脱离变址寄存器的变量位移量，位移量必须是常数
55	Illegal register value 指定的寄存器值不能放入 reg 字段中，即 reg 字段大于 7
56	No immediate mode 指定的立即方式或操作码都不能接收立即数，例如 PUSH
57	Illegal size for item 引用项的长度是非法的，例如双字移位
58	Byte register is illegal 在上下文中，使用一个字节寄存器是非法的，例如 PUSH AL
59	CS register illegal usage 试图非法使用 CS 寄存器，例如 XCHG CS, AX

续表

编 码	说 明
60	Must be AX or AL 某些指令只能用 AX 或 AL,例如 IN 指令
61	Improper use of segment register 段寄存器使用不合法,例如立即数传送到段寄存器
62	No or unreachable CS 试图转移到不可到达的标号
63	Operand combination illegal 在双操作数指令中,两个操作数的组合不合法
64	Near JMP/CALL to different CS 企图在不同的代码段内执行 NEAR 转移或调用
65	Label can't have seg override 非法使用段取代
66	Must have opcode after prefix 使用前缀指令后没有提供正确的操作码说明
67	Can't override ES segment 企图非法地在一条指令中取代 ES 寄存器,例如存储字符串
68	Can't reach with segment reg. 没有使变量可达到的 ASSUME 语句
69	Must be segment block 企图在段外产生代码
70	Can't use EVEN on BYTE segment 被提出的是一个字节段,但试图使用 EVEN 类型
71	Forward needs override 目前不使用这个信息
72	Illegal value for DUP count DUP 计数必须是常数,不能是 0 或负数
73	Symbol already external 企图定义一个局部符号,但此符号已经是外部符号了
74	DUP is too large for linker DUP 嵌套太长,以至于从链接程序中不能得到所要的记录
75	Usage of ? (indeterminate) bad "?"使用不合适,例如 ？+5

续表

编码	说　明
76	Too many value for struct or record initialization 在定义结构变量或记录变量时初始值太多
77	Angle brackets required around initialized list 定义结构变量时初始值未用尖括号"〈〉"括起来
78	Directive illegal in structure 在结构定义中的伪指令语句使用不当
79	Override with DUP illegal 在结构变量初始值表中使用 DUP 操作符出错
80	Field cannot be overridden 在定义结构变量语句中试图对一个不允许修改的字段设置初值
81	Override is of wrong type 在定义结构变量语句中设置初值时类型出错
82	Circular chain of EQU aliases 用等值语句定义的符号名,最后又返回指向它自己,例如: A EQU　B B EQU　A
83	Cannot emulate coprocessor opcode 仿真器不能支持的协处理器操作码
84	End of file,no END directive 源程序文件无 END 语句
85	Data emitted with no segment 数据语句没在段内

附录5 常用54/74系列集成电路芯片

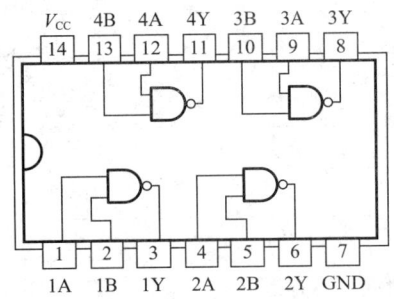

附图5.1 54LS/74LS00
2输入四与非门

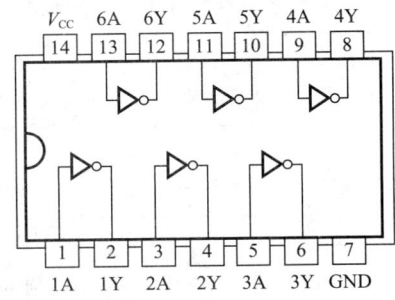

附图5.2 54LS/74LS04
六非门

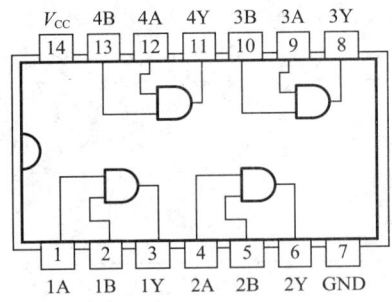

附图5.3 54LS/74LS06
2输入四与门

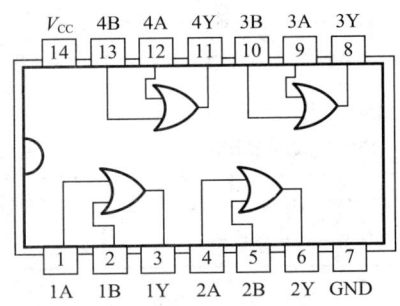

附图5.4 54LS/74LS32
2输入四或门

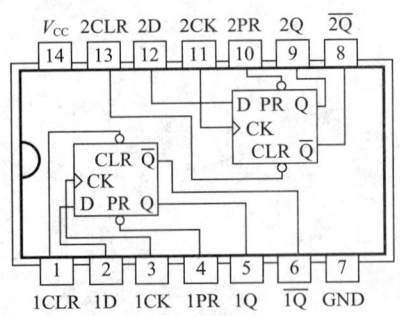

附图5.5 54LS/74LS74
双D触发器

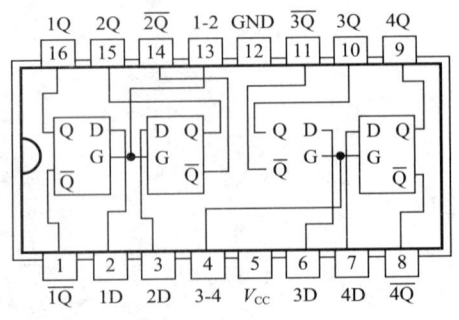

附图5.6 54LS/74LS75
四D锁存器

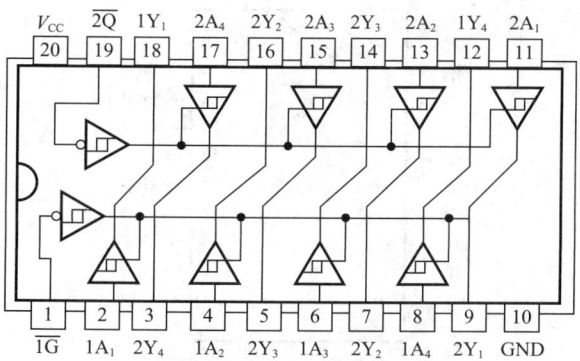

附图 5.7　54LS/74LS244
八缓冲器及总线驱动器

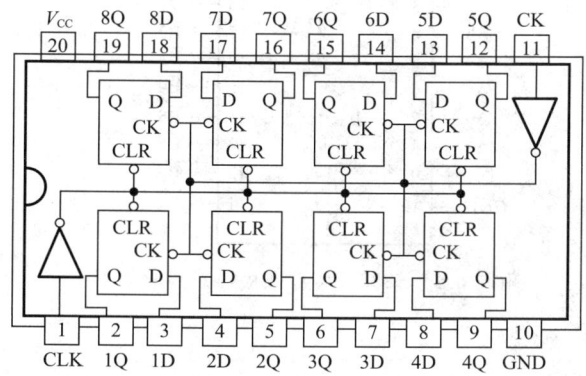

附图 5.8　54LS/74LS273
八 D 锁存器(带清零)

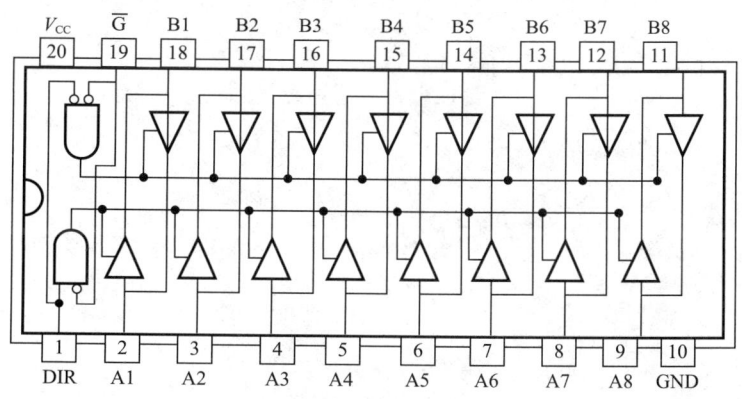

附图 5.9　54LS/74LS245
八 D 双极性缓冲器及总线收发器

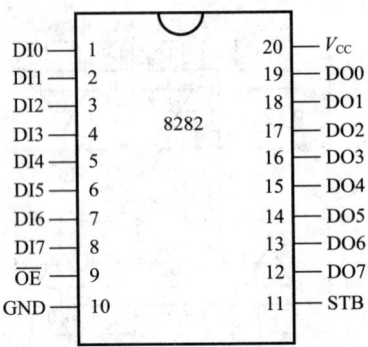

附图 5.10　8282 八 D 锁存器

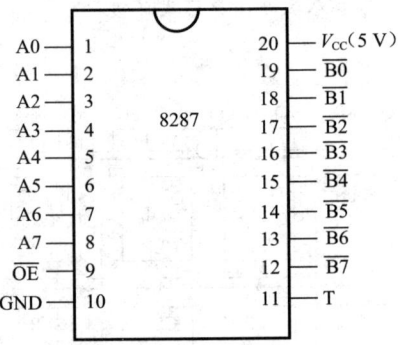

附图 5.11　8287 八 D 双极性总线收发器

附录6 MSP430F5529 引脚图

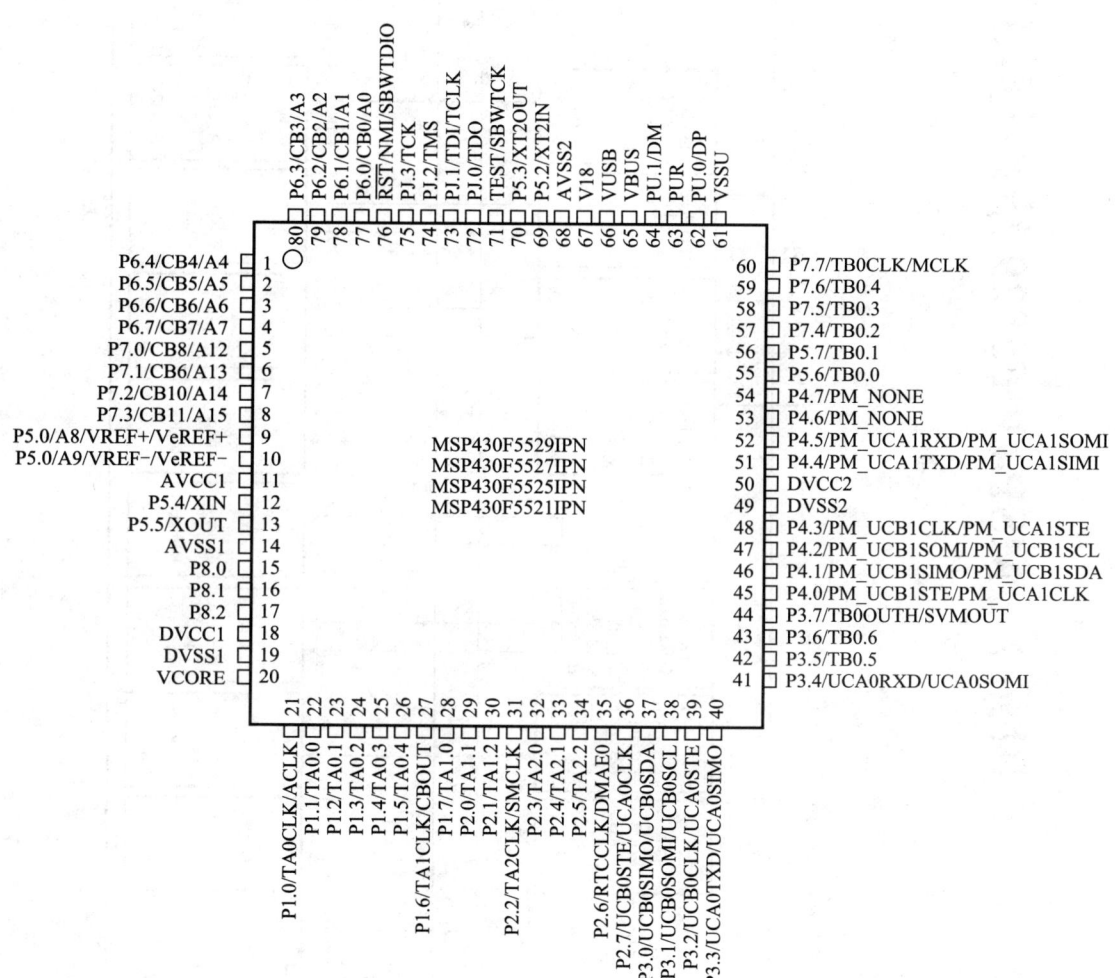

附录7 MSP430F5529 结构框图

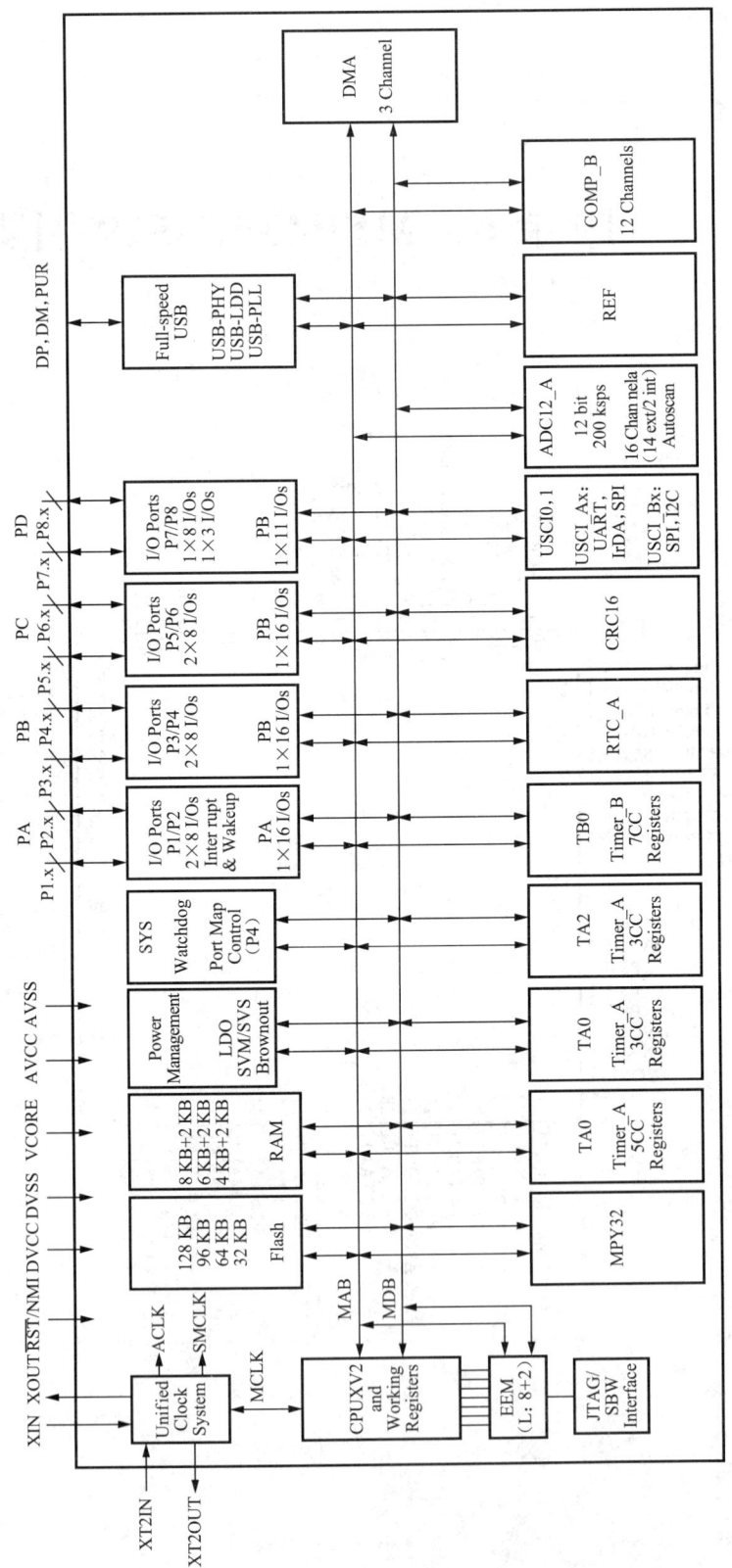

附录 8　MSP430 编程常用运算符

附表 8.1　逻辑运算符

操作符	说　明
&&	逻辑与,如 a&&b
||	逻辑或,如 a||b
!	逻辑非,如 !a

附表 8.2　位操作运算符

位操作	说　明
&	按位与运算符,如 a&b
|	按位或运算符,如 a|b
^	按位异或运算符,如 a^b
~	按位取反运算符,如 ~a
>>	右移运算符,如 a>>1
<<	左移运算符,如 a<<1

附表 8.3　赋值运算符

操作符	说　明
&=	按位与赋值,x&=a; 等价于 x=x&a;
|=	按位或赋值,x|=a; 等价于 x=x|a;
^=	按位异或赋值,x^=a; 等价于 x=x^a;
>>=	右移赋值,x>>=a; 等价于 x=x>>a;
<<=	左移赋值,x<<=a; 等价于 x=x<<a;

附表8.4 运算符优先级列表

优先级	运算符	名称或含义	结合方向	说 明
1	[ ]	数组下标	从左到右	
	( )	圆括号		
	.	成员选择(对象)		
	->	成员选择(指针)		
2	-	负号运算符	从右到左	单目运算符
	(类型)	强制类型转换		
	++	自增运算符		
	--	自减运算符		
	*	取值运算符(指针)		
	&	取地址运算符		
	!	逻辑非运算符		
	sizeof	长度运算符		
3	*	乘法运算符	从左到右	双目运算符
	/	除法运算符		
	%	求余运算符		
4	+	加法运算符	从左到右	双目运算符
	-	减法运算符		
5	<<	左移运算符	从左到右	双目运算符
	>>	右移运算符		
6	>,>=,<,<=	关系运算符	从左到右	双目运算符
7	=	等于运算符	从左到右	双目运算符
	!=	不等于运算符		
8	&	按位与运算符	从左到右	双目运算符
9	^	按位异或运算符	从左到右	双目运算符
10	|	按位或运算符	从左到右	双目运算符
11	&&	逻辑与运算符	从左到右	双目运算符
12	||	逻辑或运算符	从左到右	双目运算符
13	?:	条件运算符	从右到左	三目运算符
14	=、/=、*=、%=、+=、-=、<<=、>>=、&=、^=、|=	赋值运算符	从右到左	双目运算符
15	,	逗号运算符	从左到右	

附录9　ADC12模块转换模式流程图

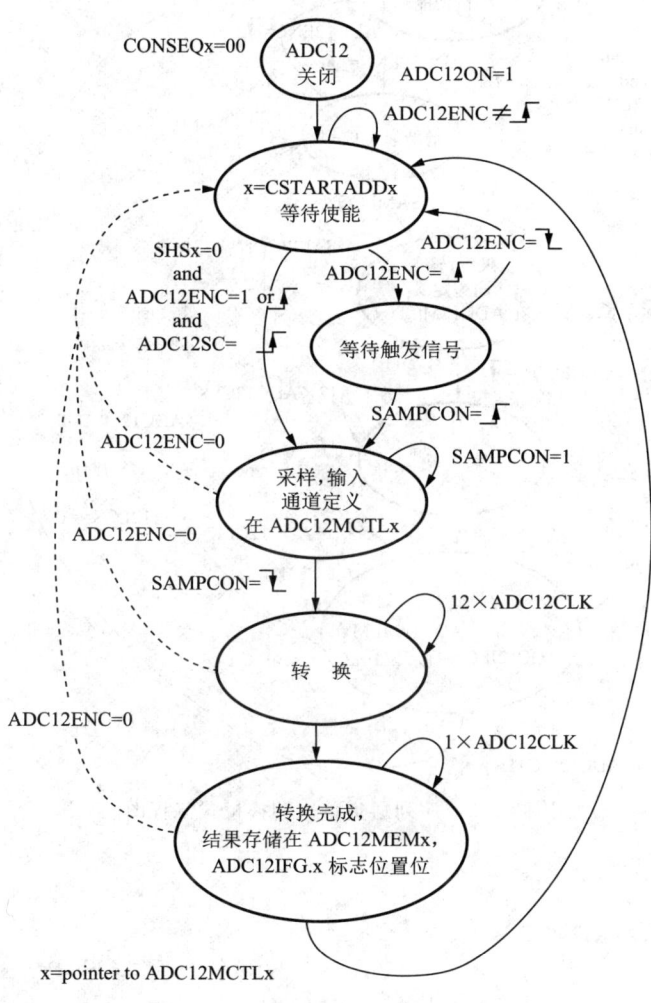

附图 9.1　单通道单次转换模式流程图

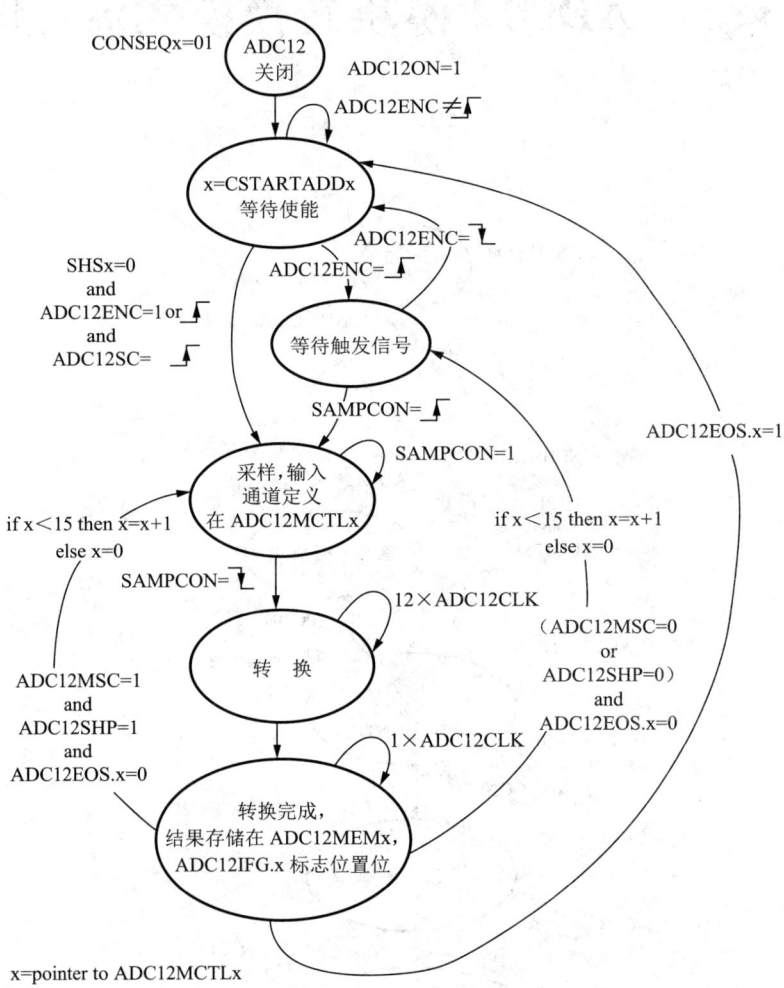

附图 9.2 序列通道单次转换模式流程图

附录9　ADC12模块转换模式流程图

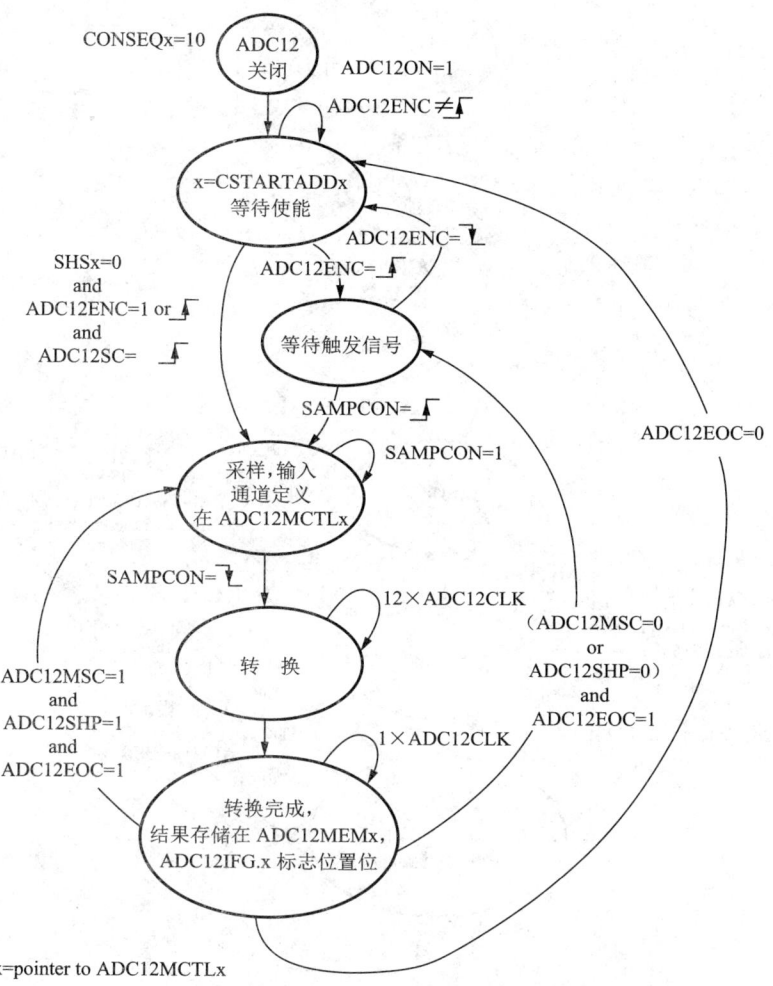

附图9.3　单通道多次转换模式流程图

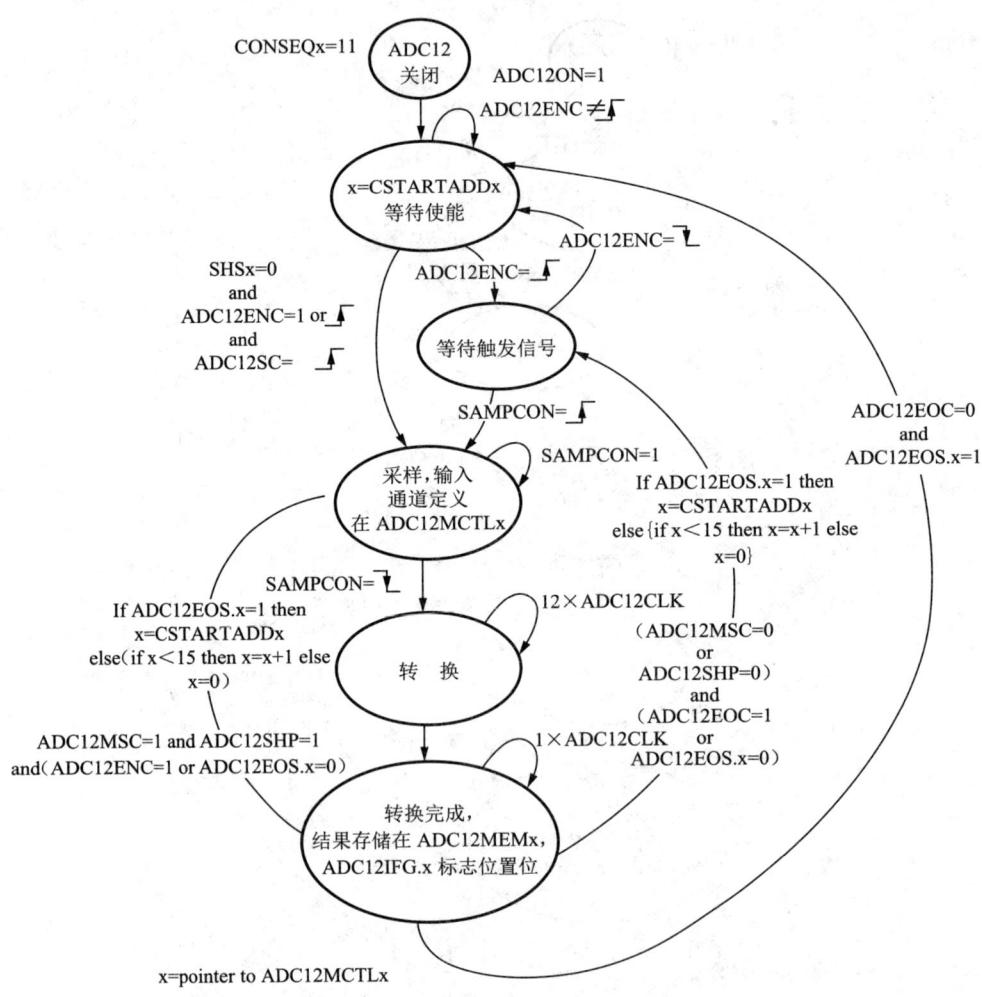

附图 9.4 序列通道多次转换模式流程图

参 考 文 献

[1] 周荷琴,冯焕清.微型计算机原理与接口技术[M].6版.合肥:中国科学技术大学出版社,2019.

[2] 姚向华,姚燕南,乔瑞萍.微型计算机原理[M].6版.西安:西安电子科技大学出版社,2017.

[3] 戴永寿,周海滨,雷国江.微机原理汇编及接口设计[M].东营:中国石油大学出版社,2006.

[4] 任保宏,徐科军.MSP430单片机原理与应用——MSP430F5xx/6xx系列单片机入门、提高与开发[M].2版.北京:电子工业出版社,2018.

[5] 谢楷,赵建.MSP430系列单片机系统工程设计与实践[M].北京:机械工业出版社,2014.

[6] 陈真,王钊.接口综合设计实验平台的开发与实践[J].实验室研究与探索,2016,35(4):135-139,143.

[7] 陈真,王钊.面向学科体系的课程一体化教学法研究[J].电气电子教学学报,2016,38(1):87-89.

[8] 陈真,王钊,戴永寿.接口综合设计实验平台的设计与应用[J].实验技术与管理,2016,33(2):93-96,109.

[9] 陈真,戴永寿.基于"虚实结合"实践平台构建面向创新能力培养的实验教学模式[J].实验技术与管理,2020,37(9):223-225,235.